普通高等院校工程训练系列规划教材

机电工程实训及创新

化凤芳　主编

许东晖　吕晓玲　副主编

清华大学出版社

北京

内 容 简 介

本书是金工实习课程的主教材,全书分为 4 篇,共 16 章。其内容包括金属热加工:铸造、锻造、焊接、热处理;金属冷加工:车削、铣削、刨削、磨削、钳工;数控加工、特种加工、精密加工、3D 打印技术;创新课程:机械设计、电气控制设计、机器人技术。内容力求精选,讲究实用,图文并茂,便于自学。

本书可作为高等院校工科类专业学生的金工实习教材,也可供高职、高专、技校相关专业的师生及企业工程技术人员参考。

图书在版编目(CIP)数据

机电工程实训及创新/化凤芳主编. —北京:清华大学出版社,2019.11
普通高等院校工程训练系列规划教材
ISBN 978-7-302-54118-9

Ⅰ. ①机… Ⅱ. ①化… Ⅲ. ①机电工程—高等学校—教材 Ⅳ. ①TH

中国版本图书馆 CIP 数据核字(2019)第 247656 号

责任编辑:冯　昕
封面设计:傅瑞学
责任校对:刘玉霞
责任印制:沈　露

出版发行:清华大学出版社
　　　　网　　　址:http://www.tup.com.cn, http://www.wqbook.com
　　　　地　　　址:北京清华大学学研大厦 A 座　　　　邮　　编:100084
　　　　社 总 机:010-62770175　　　　邮　　购:010-62786544
　　　　投稿与读者服务:010-62776969, c-service@tup.tsinghua.edu.cn
　　　　质量反馈:010-62772015, zhiliang@tup.tsinghua.edu.cn
印 装 者:三河市国英印务有限公司
经　　销:全国新华书店
开　　本:185mm×260mm　　印　张:13.75　　　　字　　数:333 千字
版　　次:2019 年 11 月第 1 版　　　　　　　　　印　　次:2019 年 11 月第 1 次印刷
定　　价:39.80 元

产品编号:075501-01

前言

近年来,随着我国经济的快速发展,高等工科教育的人才培养正由知识型向能力型转变,为适应高层次复合型人才对知识应用能力和创新能力的培养需求,提高大学生的实践动手能力,针对工科专业学生特点,总结当前工程训练课程教学改革的经验,结合产品创新及工艺创新,我们编写修订了机电工程实训及创新这本书。

本书具有下列特点:

(1)借鉴兄弟院校实践教学改革的成功经验,结合工程训练课程教学改革的实践,在传统金工实习项目基础上,拓展了现代制造的新技术及新工艺。

(2)理顺知识编排顺序,培养逻辑思维能力。按照加工基础知识—金属热加工—金属冷加工—数控加工与特种加工—机电设计及创新的顺序,先简单后复杂,先基础后实践应用,深入浅出导出知识点,有利于学生思考、理解和掌握。

(3)加入机电设计及创新内容,从实际出发,总结机械创新及电气控制常用方式、方法,列出机械设计标准件,以实践指导实践,使学生快速达到"见多识广"的目的。

(4)加入机器人导论内容,总结最先进、最广泛的机器人应用情况及技术,为初学者指明方向,快速入门机器人设计。

本书由化凤芳担任主编,许东晖、吕晓玲担任副主编。另外,崔秀慧、陈德胜、任学武、高迪、顾博、杨号等参与了部分章节的编写工作。

编写过程中参阅了傅水根、李双寿、杨有刚、张炜、严绍华、黄光烨等老师以及有关院校、工厂、科研院所的一些教材、文献和资料,并得到了北京建筑大学教务处领导、工程实践创新中心主任吴海燕的大力支持,也得到了有关专家、学者和兄弟院校同行的指正,在此一并表示诚挚的感谢。

由于编者水平有限,书中难免有错误和不妥之处,敬请读者批评指正。

编　者

2019 年 6 月

第 2 篇　金属冷加工

第3篇　数控加工与特种加工技术

第4篇　机电设计及创新

机械制造基础知识

第1章

机械制造工程实践（又称金属工艺学实习，简称金工实习）是一门传授机械制造基础知识的实践性很强的技术基础课，它既是工科院校工程训练不可缺少的重要环节之一，又是"材料成型工艺基础""机械制造工艺基础"（原称"金属工艺学"）等课程讲课必备的实践教学环节。该课程是学生获得工程实践知识、建立工程意识、掌握基本操作技能的主要教育形式，是学生接触实际生产、获得生产技术及管理知识、进行工程师基本素质训练的必要途径，也是学生从学校过渡到企业的一个必要环节。

1.1　机械制造工程实践的目的

（1）了解有关机械制造工艺、机械制造生产过程及机械制造生产的主要设备，建立起对机械制造生产基本过程的感性认识。

在实践过程中，学生要学习机械制造的各种主要加工方法及其所用主要设备的基本结构、工作原理和操作方法，并正确使用各类工具、夹具、量具，熟悉各种加工方法、工艺技术、图纸文件和安全技术。了解加工工艺过程和工程术语，对工程问题从感性认识上升到理性认识。这些实践知识将为以后学习有关专业技术基础课、专业课及毕业设计打下良好的基础。

（2）培养学生的实践动手能力、创新意识和创新精神，进行工程师的基本训练。

工科院校是工程师的摇篮。为培养学生的工程实践能力，强化工程意识，学校安排了各种实验、实习、设计等多种实践性教学环节和相应的课程。机械制造工程实践就是其中一门重要的实践性教学课程。在实践中，学生通过直接参加生产实践，操作各种设备，使用各类工具、夹具、量具，独立完成简单零件的加工制造全过程，以培养对简单零件具有初步选择加工方法和分析工艺过程的能力，并具有操作主要设备和加工作业的技能，初步奠定工程师应具备的基础和基本技能。

（3）全面开展素质教育，树立实践观点、劳动观点和团队协作观点，培养高质量人才。

机械制造工程实践一般在学校工程训练中心的现场进行。实践现场不同于教室，它是生产、教学、科研三结合的基地，教学内容丰富，实践环境多变，接触面宽广。这样一个特定的教学环境正是对学生进行思想作风教育的好场所、好时机。例如，增强劳动观念，遵守组织纪律，培养团队协作的工作作风；爱惜国家财产，建立经济观念和质量意识，培养理论联系实际和一丝不苟的科学作风；初步培养学生在生产实践中调查、观察问题的能力，以及运用所学知识分析问题、解决工程实际问题的能力。这都是全面开展素质教育不可缺少的重要组成部分,也是机械制造工程实践为提高人才综合素质,培养高质量人才需要完成的一项重要任务。

1.2 机械制造工程实践的要求

对高等院校学生进行机械制造工程实践的总要求是:接触实际,强化动手,深入实践,注重训练。根据这一要求,提出以下具体要求:

全面了解机械零部件的制造过程及基础的工程知识和常用的工程术语。

了解机械制造过程中所使用的主要设备的基本结构特点、工作原理、适用范围和操作方法,熟悉各种加工方法、工艺技术、图纸文件和安全技术,并正确使用各类工具、夹具和量具。

独立操作各种设备,完成简单零件的加工制造全过程。

了解新工艺、新技术的发展与应用状况,以及机电一体化、CAD/CAM/CAE 等现代制造技术在生产实际中的应用。

了解机械制造企业在生产组织、技术管理、质量保证体系和全面质量管理等方面的工作及生产安全防护方面的组织措施。

1.3 机械制造工程实践的内容

机械制造的宏观过程如图 1-1 所示,首先设计图纸,再根据图纸制定工艺文件和进行工艺准备,然后是产品制造,最后是市场营销。再将各个阶段的信息反馈回来,使产品不断完善。

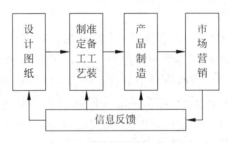

图 1-1 机械制造的宏观过程

机械制造的具体过程如图 1-2 所示。原材料包括生铁、钢锭、各种金属型材及非金属材料等。

将原材料用铸造、锻造、冲压、焊接等方法制成零件的毛坯(或半成品、成品)。再经过切削加工、特种加工制成零件,最后将零件和电子元器件装配成合格的机电产品。现将机械制造过程中的主要工艺方法简介如下:

(1) 铸造 把熔化的金属液浇注到预先制作的铸型型腔中,待其冷却凝固后获得铸件

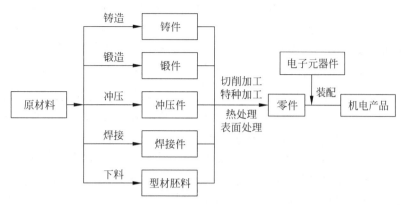

图 1-2 机械制造的具体过程

的加工方法。铸造的主要优点是可以生产形状复杂、特别是内腔复杂的毛坯,而且成本低。铸造的应用十分广泛,在一般机械中,铸件的重量一般都占整机重量的 50% 以上,如各种机械的机体、机座、机架、箱体和工作台等,大都采用铸件。

(2)锻造 将金属加热到一定温度,利用冲击力或压力使其产生塑性变形而获得锻件的加工方法。锻件的组织比铸件致密,力学性能高,但锻件形状所能达到的复杂程度远不如铸件,锻造零件的材料利用率也较低。各种机械中的传动零件和承受重载及复杂载荷的零件,如主轴、传动轴、齿轮、凸轮、叶轮和叶片等,其毛坯大多采用锻件。

(3)冲压 利用压力机和专用模具,使金属板料产生塑性变形或分离,从而获得零件或制品的加工方法。冲压通常在常温下进行。冲压件具有质量轻、刚度强和尺寸精度高等优点。各种机械和仪器、仪表中的薄板成型件及生活用品中的金属制品,绝大多数都是冲压件。

(4)焊接 利用加热或加压(或两者并用),使两部分分离的金属件通过原子间的结合,形成永久性连接的加工方法。焊接具有连接质量好、节省金属和生产率高等优点。焊接主要用于制造金属结构件,如锅炉、容器、机架、桥梁和船舶等,也可制造零件毛坯,如某些机座和箱体等。

(5)下料 将各种型材利用气割、机锯或剪切等而获得零件坯料的一种方法。

(6)非金属成型 在各种机械零件和构件中,除采用金属材料外,还采用非金属材料,如木材、玻璃、橡胶、陶瓷、皮革和工程塑料等。非金属材料的成型方法因材料的种类不同而有异,例如,橡胶制品是通过塑炼—混炼—成型—硫化等过程制成;陶瓷制品是利用天然或人工合成的粉状化合物,经过成型和高温烧结制成的;工程塑料制品是将颗粒状的塑料原材料,在注塑机上加热熔融后注入专用的模具型腔内冷却后制成的。

(7)切削加工 利用切削工具(主要是刀具)和工件作相对运动,从毛坯和型材坯料切除多余的材料,获得尺寸精度、形状精度、位置精度和表面粗糙度完全符合图样要求的零件的加工方法。切削加工包括机械加工(简称机工)和钳工两大类。机工主要是通过工人操纵机床来完成切削加工的,常见的机床有车床、铣床、刨床和磨床等。相应的加工方法称为车削、铣削、刨削和磨削等。钳工一般是通过工人手持工具进行切削加工的,其基本操作包括锯削、锉削、刮削、攻螺纹、套螺纹和研磨等,通常把钻床加工也包括在钳工范围内,如钻孔、扩孔和铰孔等。

(8)特种加工 相对传统切削加工而言的。切削加工主要依靠机械能,而特种加工是直接利用电、光、声、化学、电化学等能量形式来去除工件多余材料的。特种加工的方法很多,常用的有电火花、电解、激光、超声波、电子束和离子束加工等,主要用于各种难加工的材料、复杂结构和特殊要求工件的加工。

(9)热处理　在毛坯制造和切削加工过程中常常要对工件进行热处理。热处理是将固态金属在一定的介质中加热、保温后以某种方式冷却,以改变其整体或表面组织而获得所需性能的加工方法。通过热处理可以提高材料的强度和硬度,或者改善其塑性和韧性,充分发挥金属材料的性能潜力,满足不同的使用要求或加工要求。重要的机械零件在制造过程中大都要经过热处理。常用的热处理方法有退火、正火、淬火、回火和表面热处理等。

(10)表面处理　在保持材料内部组织和性能的前提下,改善其表面性能(如耐磨性、耐腐蚀性等)或表面状态的加工方法。除表面热处理外,表面处理常用的还有电镀、磷化、发蓝和喷塑等。

(11)装配　将加工好的零件及电子元器件按一定顺序和配合关系组装成部件和整机,并经过调试和检验使之成为合格产品的工艺过程。

在单件小批生产中,习惯把铸造、锻造、焊接和热处理称为热加工,把切削加工和装配称为冷加工。

1.4　机械制造工程实践的考核

机械制造工程实践的考核是整个实践的重要环节。它既可以检查学生学习的实际效果,又可以衡量教师指导的能力,对提高实践教与学的质量起着十分重要的评估作用。

机械制造工程实践的考核可按以下内容进行评定。

(1)平时表现　考核学生的实践态度、组织纪律和实践单元作业的完成情况;

(2)操作能力　考核学生各工种独立操作技能的掌握水平;

(3)实践报告　考核学生按报告要求完成实践报告的质量;

(4)理论考试　考核学生应知应会方面的理论知识;

(5)评分标准　实践结束后,实践指导教师根据学生在实习过程中的出勤率、操作能力及平时表现按照百分制为每位学生给出相应的成绩。

1.5　学生实践守则

1. 关于考勤的规定

(1)参加实践的学生必须严格遵守工程训练中心所规定的实践作息时间上、下课,不得迟到、早退或中途离开。迟到早退时间超过1小时视为旷课一天,未经实践指导老师同意擅自离开者,以旷课论处。

(2)实践学生若有事要请假,请假半天以内须经指导老师批准,请假半天以上须经所在学院开具请假条并报工程训练中心主管领导批准。

（3）实践学生请病假，必须持有医院或校医院证明。

（4）实践学生请假（公假、事假、病假）时间少于实践工种所需要时间 1/3 者，应重修该工种所耽误的那部分实践内容。

（5）实践学生旷课或请假时间超过实践工种所需要时间 1/3 者，应重修该工种。

2. 关于实践的注意事项

（1）遵守工程训练中心的一切规章制度，服从工程训练中心的安排和实践指导人员的指导。

（2）按规定穿戴好劳动保护用品，不准带与实践无关的书刊报纸、娱乐用品等进入工程训练中心，不准穿拖鞋、凉鞋、高跟鞋、吊带衣服等进入工程训练中心，长发同学应戴工作帽并将头发用发卡固定收好。

（3）遵守组织纪律，按时上、下课，不串岗，不迟到，不早退，有事请假。

（4）尊重实践指导人员，注意听讲，仔细观察实践指导人员的示范。

（5）爱护国家财产，注意节约用水、电、油和原材料。

（6）认真操作，不怕苦，不怕累，不怕脏。

（7）严格遵守各实践工程的安全技术规程，做到文明实践，保持良好的卫生习惯。

3. 关于操作机器设备的规定

（1）一切机器、设备未经许可，不准擅自动手，如触摸电闸、开关或拨动机床手柄等。

（2）操作机器、设备时，必须严格遵守安全操作规程。

（3）实践时应注意保养和爱护机器设备，正确使用和妥善保管工具、量具，无故损坏和丢失者，要视情节轻重折价如数赔偿。

（4）实践期间应坚守岗位，如发现非正常现象，应立即停止工作，关闭电机并报告实践指导人员。

（5）每次实践完毕，应按规定做好清洁和整理工作。

1.6　机械制造工程实践的安全规则

在机械制造工程实践中，如果实践人员不遵守工艺操作规程或者缺乏一定的安全知识，很容易发生机械伤害、触电、烫伤等工伤事故。在此，为保证实践人员的安全和健康，必须进行安全实践知识和教育，使所有参加实践的人员都树立"安全第一"的观念，懂得并严格执行有关的安全技术规章制度。

为了更好地实践，实践必须安全。安全实践的最基本要求是保证人和设备在实践中的安全。人是实践中的决定因素，设备是实践的手段，没有人和设备的安全，实践就无法进行。特别是人身的安全尤其重要，不能保证人身的安全，设备的作用无法发挥，实践也就不能顺利、安全地进行。

实践中的安全技术有冷、热加工安全技术和电气安全技术等。

热加工一般指铸造、锻造、焊接和热处理等工种，其特点是生产过程伴随着高温、有害气体、粉尘和噪声,这些都严重恶化了劳动条件。在热加工工伤事故中,烫伤、灼伤、喷溅和砸碰伤约占事故的70%,应引起高度重视。

冷加工主要指车、铣、刨、磨和钻等切削加工,其特点是使用的装夹工具和被切削的工件或刀具间不仅有相对运动,而且速度较高。如果设备防护不好,操作者不注意遵守操作规程,很容易造成各种机器运动部位对人体及衣物由于绞缠、卷人等引起的人身伤害。

避免安全事故的要点如下所述:

(1)绝对服从实践指导人员的指挥,严格遵守各工种的安全操作规程,树立安全意识和自我保护意识,确保充足的体力和精力。

(2)严格遵守衣着方面的要求,按要求穿戴好规定的工作服及防护用品。

(3)注意“先学停车再学开车”,工作前应该先检查设备状况,无故障后再进行实践。

(4)重物及吊车下不得站人,下课或中途停电,必须关闭所有设备的电气开关。

(5)必须每天清扫实践场地,保持设备整洁和通道畅通。

(6)严禁用手或嘴清除切屑,必须用钩子或刷子。

(7)严禁在实践场地内跑跳、打闹。

第 / 篇

金属热加工

金属热加工是在高于再结晶温度的条件下,使金属材料同时产生塑性变形和再结晶的加工方法。金属热加工一般是指铸造、锻造、焊接和热处理等工艺,热加工能使金属零件在成型的同时改变它的组织或者使已成型的零件改变既定状态以改善零件的机械性能。金属热加工的特点是生产过程中常伴随着高温、有害气体、粉尘和噪声等,劳动条件恶劣,易发生人员伤害事故。

铸造成型

2.1 概　述

铸造是指熔炼金属、制造铸型,并将熔融金属浇入铸型,凝固后获得一定形状、尺寸和性能的金属零件毛坯的成型方法。铸造常用于制造形状复杂或大型工件、承受静载荷及压应力的机械零件,如床身、机座、支架、箱体等。

2.1.1 铸造的特点

(1) 铸造的适应性强,铸造成型方法几乎不受工件的形状、尺寸、质量和生产批量的限制。铸造材料可以是铸铁、铸钢、铸造非铁合金等各种金属材料。

(2) 成本较低。铸造用的原材料来源广泛,价格低廉,并可直接利用废零件和切屑。铸件的形状和尺寸接近于零件,能节省金属材料和切削加工工时。

(3) 铸件的组织性能较差。铸件晶粒粗大,化学成分不均匀,其力学性能较差。

(4) 铸造工序较多,劳动条件较差。

2.1.2 铸造的分类

铸造的工艺方法很多,一般分为砂型铸造和特种铸造两大类。

1. 砂型铸造

当形成铸型的原材料主要为型砂,且液态金属完全靠重力充满整个铸型的型腔时,这种铸造称为砂型铸造。砂型铸造分为手工砂型铸造和机器砂型铸造。前者主要适用于单件、小批量生产以及复杂和大型铸件的生产;后者主要适用于成批大量生产。目前,砂型铸造仍然是国内外应用最广泛的铸造方法。

2. 特种铸造

凡是不同于砂型铸造的所有铸造方法,统称为特种铸造,如金属型铸造、压力铸造、离心铸造、熔模铸造等。

2.2 砂型铸造工艺

砂型铸造是应用最为广泛的铸造方法,其基本的砂型铸造的工艺过程如图2-1所示。

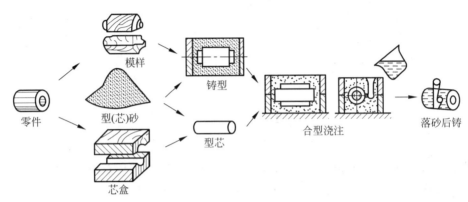

图 2-1 砂型铸造的工艺过程

砂型铸造适用于各种金属材料,能生产各种形状和大小的铸件。但一个砂型只能使用一次,需要耗费大量的造型工。因此,造型是砂型铸造生产过程中主要的工序,也是铸造实习的主要任务。

2.2.1 造型材料

制造铸型用的材料称为造型材料。砂型铸造所用的造型材料主要指型砂和芯砂。

1. 型砂和芯砂应具备的性能

型砂是铸型的主要材料,直接影响到铸件的质量。铸造用型砂必须具备以下性能:

(1)可塑性 型砂在外力作用下产生变形、去除外力后能保持变形后的形状,称为型砂的可塑性。具有良好塑性的型砂能够制造出形状复杂、轮廓清晰的砂型。

(2)强度 型砂抵抗外力破坏的能力,称型砂强度。型砂强度能保证砂型在浇注时抵抗金属液体的冲击和金属液体的静压力,防止铸件产生冲砂、粘砂等缺陷。

(3)透气性 型砂在制成砂型后应有足够的透气性,以便排除浇注时型腔内所产生的大量水蒸气和空气,避免铸件产生气孔、浇不足等缺陷。

(4)耐火性 砂型能够承受金属液体高温作用而不被烧损的性质称为耐火性。耐火性会导致砂型在金属液温度作用下,产生粘砂的缺陷,造成铸件切削加工和表面清理困难。

(5)退让性 铸件冷凝收缩时,型砂可被适量压缩的性能称为退让性。退让性好可以减小铸件内部的内应力,避免产生裂纹和变形等缺陷。

此外,型(芯)砂还要求有好的流动性、溃散性、不黏模性、耐用性以及低的吸湿性等。

2. 型砂和芯砂的组成

型砂一般由原砂、黏结剂、水及附加物按一定比例混制而成。

（1）原砂 原砂即新砂，一般采自海、河或山地。铸造用砂其主要化学成分二氧化硅的含量（质量分数）应为 85%～97%。原砂颗粒形状、大小、均匀程度等都会对砂型性能产生很大影响。

（2）黏结剂 用来黏结砂粒的材料，如水玻璃、桐油、干性植物油、树脂和黏土等。其中，黏土是价廉而又资源丰富的黏结剂，黏土主要分为普通黏土和膨润土两大类。

（3）水及附加物 是为改善砂型的某些性能而加入的材料，常用的附加物有以下几种。

① 煤粉、重油。主要利用其在浇注时不完全燃烧而产生的还原性气体隔膜，将高温金属液与砂型壁隔开，改善铸件的表面粗糙度。

② 锯木屑。在高温的作用下，夹杂在砂型中的部分锯木屑燃烧掉，在砂型中留下空隙，

③ 水。作为黏结剂的黏土只有被水润湿后，其黏性才能发挥作用。水分的多少，直接影响型砂的性能，如强度、透气性等。

3. 型砂和芯砂的配制及质量控制

型砂和芯砂质量的好坏，取决于原材料的性质及其配比和制备方法。小型铸铁件型砂配比是：新砂 2%～20%，旧砂 80%～98%，黏土 8%～10%，水 4%～8%，煤粉 2%～5%。常用芯砂配方是：新砂 20%～30%，旧砂 70%～80%，黏土 3%～14%，膨润土 0～4%，水 7%～10%。

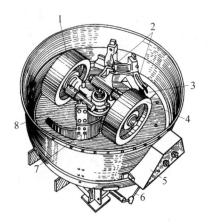

图 2-2 碾轮式混砂机
1,4—碾轮；2,7—刮板；3—卸料口；5—防护罩；6—气动拉杆；8—主轴

目前，工厂一般采用碾轮式混砂机混砂，如图 2-2 所示。混砂工艺是先将新砂、旧砂、黏结剂和辅助材料等按配方加入混砂机，干混 2～3min 后再加水湿混 5～12min，其性能符合要求后出砂。使用前要过筛并使型（芯）砂松散。

型砂和芯砂的性能可用型砂性能试验仪（如锤击式制样机、透气性测定仪、SQY 液压万能强度试验仪等）进行检测。在缺乏检测仪器的情况下，也可用手捏法检验。

2.2.2　造型方法

用造型材料和模样等工艺装备制造铸型的过程称为造型。铸型的基本组成包括上型、下型、浇注系统、型腔、型芯及出气孔等。砂型(铸型)结构如图2-3所示,砂型各组成部分的名称与作用见表2-1。

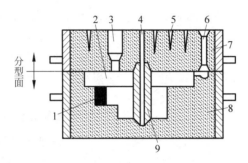

图 2-3　砂型(铸型)结构

1—冷铁；2—型腔；3—冒口；4—排气道；5—出气孔；6—浇注系统；7—上型；8—下型；9—型芯

表 2-1　砂型各组成部分的名称与作用

名　称	作用与说明
上型(上箱)	浇注时铸型的上部组元
下型(下箱)	浇注时铸型的下部组元
分型面	铸型组元之间的接合面,如图2-2中的上、下型接合面
型砂	按一定比例配制的造型材料,经过混制,符合造型要求的混合料
浇注系统	为金属液填充型腔和冒口而设置于铸型中的一系列通道。通常由浇口杯、直浇道、横浇道和内浇道组成
冒口	在铸型内储存供补缩铸件用熔融金属的空腔。冒口还具有排气和集渣的作用
型腔	铸型中造型材料所包围的与铸件形状相适应的空腔
排气道	在铸型或型芯中,为排除浇注时形成的气体而设置的沟槽或孔道
型芯	为获得铸件的内孔或局部外形,用芯砂或其他材料制成,安装在型腔内部的铸型组元
出气孔	在砂型或型芯上,用通气针扎出的通气孔。该孔的底部要与模具离开一定的距离
冷铁	为增加铸件局部的冷却速度,在型砂、型芯表面或型腔中安放的金属物

造型是砂型铸造的基本工序,其过程有填砂、紧砂、起模、合型四个基本工序。造型分为手工造型和机器造型两种。在单件、小批量生产中,多采用手工造型;在大批量生产中,则采用机器造型。

1. 手工造型

手工造型是全部用手工或手动工具完成的造型工序。它具有操作灵活、适应性强、生产准备时间短等优点;缺点是造型质量受到操作者技术水平的限制,生产率低、劳动强度大。

常用的手工造型方法有以下几种。

(1) 整模造型　整模造型的模样是整体的。其特点是型腔全部位于一个砂箱内,分型面是平面。图 2-4 为整模两箱造型过程。整模造型适用于外形轮廓上有一个平面可作为分型面的简单铸件,所得铸型型腔的形状和尺寸精度较好。

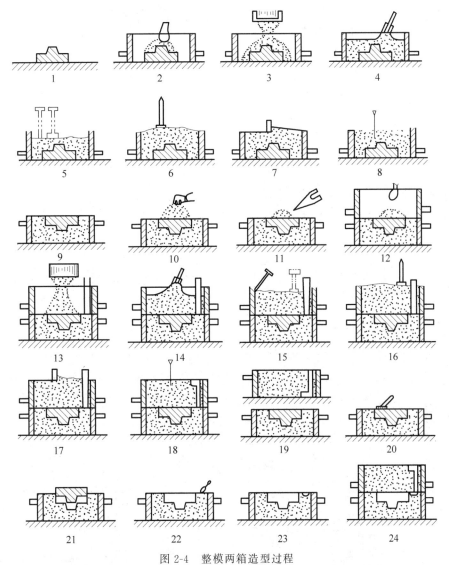

图 2-4　整模两箱造型过程

1,2—放置模样和砂箱;3~6填砂和舂砂;7—刮平;8,18—扎通气孔;9—翻转下砂型;10—撒分型砂;
11—用老虎皮吹去分型模表明的分型砂;12~17—造上型;19~21—起模;22—开横浇道、内浇道;
23—修型;24—合型

（2）分模造型　模样沿最大截面处分为两半,型腔位于上、下型内的造型方法称为分模造型,见图 2-5。分模造型是造型方法中应用最广的一种,它简单易行,便于下芯和安放浇注系统,适用于铸件最大截面在中部的铸件,也广泛应用于有孔的铸件,如水管、阀体等。

手工造型除了整模造型和分模造型两种常见的造型方法外,还有活块造型、挖砂造型、三箱造型、刮板造型、地坑造型等办法。

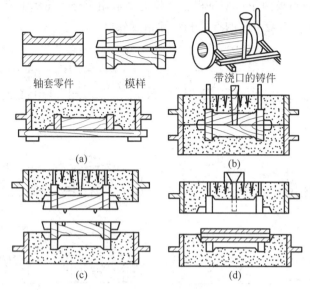

图 2-5　分模造型

(a) 造下砂型；(b) 翻转下砂型后,造上砂型放光口棒及出气口棒；(c) 开箱、起模、开浇口；(d) 下型芯、合箱

2. 机器造型

机器造型是用模型板在造型机上进行造型的方法,即将造型过程中的两道基本工序(紧砂和起模)机械化。其特点是生产率高,铸件的尺寸精度和表面质量较好,对工人的操作技术要求不高,改善了劳动条件。但是,机器造型用的设备和工装模具投资较大,生产准备周期较长,对产品变化的适应性比手工造型差,因此,机器造型主要用于成批大量生产。机器造型的最基本方法是振压式造型法,振压机造型的基本过程如图 2-6 所示。

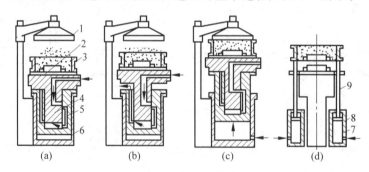

图 2-6　振压机造型

(a) 填沙；(b) 振实；(c) 压实；(d) 起模

1—压头；2—模板；3—砂箱；4—振实活塞；5—压实活塞；6—压实气缸；7—进气孔；8—气缸；9—顶杆

2.2.3　造型芯

造型芯主要用来形成铸件的内腔或局部外形。在单件、小批量生产中,多采用手工造

芯；在大批量生产中，采用机器造芯。

造芯所用的芯砂应比型砂的综合性能更好。对于形状复杂、重要的型芯，常采用油砂或树脂砂。此外，为了加强型芯的强度，在型芯中应放置芯骨，小型芯的芯骨用钢丝制成，大、中型芯的芯骨用铸铁铸成。为了提高型芯的通气能力，在型芯中应开设排气道。为了避免铸件产生粘砂缺陷，在型芯表面往往需要刷涂料，铸铁件型芯常采用石墨涂料，铸钢件型芯常采用石英粉涂料。重要的型芯都需烘干，以增强型芯的强度和透气性。

用芯盒造型芯是最常用的造型芯方法，图 2-7 为用芯盒造型芯的过程。

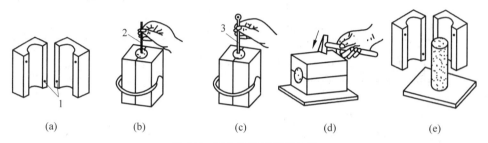

图 2-7　用芯盒造型芯的过程
（a）准备芯盒；（b）放芯骨；（c）刮平、扎气孔；（d）敲打芯盒；（e）开盒取芯
1—定位销和定位孔；2—芯骨；3—通气孔

2.2.4　造型工艺

造型时如何将模样顺利地从砂型中取出，而又不破坏型腔；浇注时，金属液如何充填铸型才能保证铸件质量，这是砂型铸造的两个主要问题，围绕这两个问题，形成了造型工艺。

1. 分型面

分型面就是铸造砂型的上型与下型之间的分界面。一般位于模样的最大截面处，分型面可使铸型分开以便取出模样和安放型芯。

选择分型面应注意以下几个方面：

（1）选择的分型面必须使模型能够从砂型中起出。为了能方便地把模型从砂型中取出，分型面的位置必须通过模型的最大截面处，如图 2-8 所示。

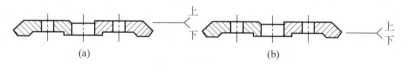

图 2-8　分型面的确定
（a）错误；（b）正确

（2）分型面的位置应有利于保证铸件质量。在金属液中，夹杂着大量的杂质，如气泡、熔渣等。这些杂质在浇注铸件时往往浮在铸件顶部，而使铸件产生缺陷。因此，在选择分型面时，应使铸件重要的加工面朝下或保持在侧面，如图 2-9 所示，这样才能保证铸件质量。

（3）选择分型面应便于造型。选择分型面时，应考虑到造型的方便与简洁性，尽量避免使用活块,如图 2-10 所示。分型面选在 $a-a$、$b-b$ 和 $c-c$ 都是合理的。但分型面 $a-a$ 必须应用活块造型,增加了造型工序;分型面 $c-c$ 使得砂型型腔较深,增加了金属液流动的速度,加大了金属液对砂型壁的冲刷,另外,凸台处于分型面上,微量的错箱就会使凸台形状失真;选用分型面 $b-b$ 是较为合理的。

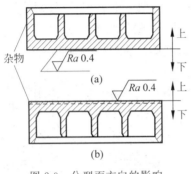

图 2-9　分型面方向的影响

(a) 合理;(b) 不合理

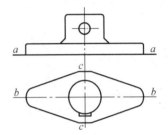

图 2-10　分型面的比较方案

2. 模样结构工艺性

在进行铸件模样设计时,不仅要考虑其工作性能和力学性能要求,还必须考虑铸造工艺和合金铸造性能对铸件结构的要求,铸件的结构是否合理,其结构工艺性是否良好,对铸件质量、生产率及成本都有很大影响。

模型和型芯盒是制造砂型的基本工具,模型用来获得铸件的外形,而用型芯盒制得的型芯主要是用来获得铸件的内腔。在设计模样时,应考虑以下几个要点:

(1) 拔模斜度　模样上垂直于分型面的表面最好具有拔模斜度,这样便于模型从砂型中取出。铸件拔模斜度的大小随垂直壁的高度而不同,一般为 $0.5°\sim4°$。

(2) 加工余量　在铸件上为切削加工而加大的尺寸称为机械加工余量。加工余量的数值取决于铸件生产批量、合金的种类、铸件的大小、形状、加工精度等因素。大批量机器造型时,铸件精度高,故余量可较小;手工造型时,余量应加大;钢件表面粗糙,余量应加大;非铁合金铸件表面光洁,价格较贵,故余量应较小;铸件尺寸越大,其相对误差也越大,故余量也应随之加大。

(3) 收缩量　由于合金的线收缩,铸件冷却后的尺寸将比型腔尺寸略为缩小,为保证铸件的应有尺寸,模型尺寸应比铸件放大一个收缩量。在铸件冷却过程中,线收缩不仅受铸型和型芯的机械阻碍,同时还存在铸件各部分之间的相互制约,通常,灰口铸铁 $0.7\%\sim1.0\%$,铸钢 $1.3\%\sim2.0\%$,铝硅合金 $0.8\%\sim1.2\%$,青铜 $1.2\%\sim1.4\%$。

(4) 圆角　铸件壁间的转角处应具有结构圆角。因为在铸件壁连接处,散热条件较差,在冷却时容易形成裂纹,并有产生粘砂等缺陷的可能性,所以,圆角是铸件结构的基本特征。

(5) 型芯头铸件上大于 25mm 的孔需用型芯铸出。为了在砂型中安放型芯,在模型的相应部分应做出突出的型芯头。型芯可分为垂直型芯和水平型芯两大类。垂直型芯一般都有上、下芯头,其芯头高度主要取决于型芯头直径,芯头必须留有一定的斜度,以便增强型芯在铸型中的稳定性。水平型芯头一般具有左右芯头,其长度取决于型芯头直径及长度,为便于下芯,铸型上型芯座的端部也应留出一定的斜度。对于悬壁型芯,应加上芯撑。

3. 浇注系统、冒口和冷铁的设置

(1) 浇注系统 为把液态合金注入型腔和冒口而开设于砂型中的一系列通道,称为浇注系统。通常由浇口杯、直浇道、横浇道和内浇道组成,如图 2-11 所示。

① 外浇口。外浇口又称浇口杯,形状多为漏斗形。它的作用是承受从浇包倒出来的金属液,减轻金属液流的冲击,使金属液平稳流入直浇道。

② 直浇道。直浇道是断面为圆形、有一定锥度的垂直通道。利用直浇道的高度产生一定的静压力,使金属液产生充填压力,有利于金属液充填型腔的细薄部分。

③ 横浇道。横浇道是开在分型面上箱部分的水平通道,断面形状多为梯形。它的作用是分配金属流入内浇道,起挡渣作用。为便于集渣,横浇道必须开在内浇道上面。横浇道还能减缓金属液流的速度,使金属液平稳流入内浇道。

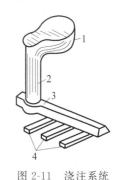

图 2-11 浇注系统
的组成

1—浇口杯;2—直浇道;
3—横浇道;4—内浇道

④ 内浇道。内浇道是金属液直接流入型腔的通道,其断面多为扁梯形或三角形。它的作用是控制液体金属流入型腔的方向和速度,调节铸件各部分的冷却速度。对于壁厚相差不大的铸件,浇道多开在铸件薄壁处,以达到铸件各处冷却均匀;对于壁厚差别大的铸件,内浇道多开在铸件厚壁处;对大平面的薄壁体,应多开几个内浇道,以利金属液快速充满型腔。

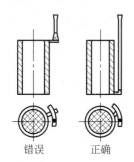

错误　　　正确

图 2-12 型腔中内浇口
的位置和方向

铸件的重要加工面、定位基准面最好不要开浇口;内浇道的方向不要正对砂型壁或型芯,以避免冲坏铸型,如图 2-12 所示。

总的来讲,浇注系统具有三方面的作用,将金属液平稳地导入并充填型腔;挡渣和排气;调节铸件的凝固顺序。浇注系统设计得不合理,铸件便易产生冲砂、浇不足、气孔等缺陷。选择浇注系统各部分的形状、尺寸和位置,对于获得合格铸件,减少金属的消耗,具有重要意义。

(2) 冒口和冷铁的设置 设置冒口和冷铁,是为了对铸件凝固过程进行控制,使之实现顺序凝固。所谓顺序凝固,就是使铸件的凝固按薄壁-厚壁-冒口的顺序进行,让缩孔转移到冒口中去,从而获得致密的铸件。

① 冒口。它的主要作用是补充铸件凝固收缩时所需的金属液,以避免产生缩孔缺陷。图 2-13(a)表示未加冒口的铸件,上部形成了缩孔。若在铸件的顶部设置冒口(见图 2-13(b)),缩孔移到冒口中,清理铸件时将冒口切除,就获得了内部致密的合格铸件。为了使冒口起到补缩作用,应保证冒口最后冷却凝固,通常把冒口设置在铸件的最厚、最高处,并且冒口要足够大。在浇注铸钢等收缩性大的合金时,一般都要设置这种用于补缩的冒口。冒口还可以起到排出型腔中气体和观察到铸型型腔是否浇满的作用。在铸铁件上还常能看到尺寸不大的冒口,主要起排气作用,固有"出气冒口"之称。

② 冷铁。它用于加速铸件某部分的冷却(见图 2-14),使铸件各部分达到同时凝固的目

的,从而避免因收缩不均而造成的内应力。

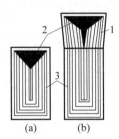

图 2-13　冒口的作用

(a) 未加冒口; (b) 加冒口

1—冒口; 2—缩孔; 3—铸件

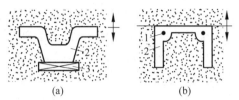

图 2-14　冷铁的种类和设置

(a) 外冷铁; (b) 内冷铁

1—内冷铁; 2—铸件; 3—外冷铁

2.2.5　合型

浇注前,将铸型的各组元(上型、下型、型芯等)组合成一完整铸型的操作过程称合型。如果合型操作不正确,会造成跑火、气孔、壁厚不均、毛刺及夹砂等铸造缺陷。合型要保证铸型型腔几何形状及尺寸的准确和型芯的稳固。合型流程如下:

(1) 下型芯。把型芯安放在砂型的相应位置上叫下型芯。下型芯前应仔细检查砂型有无破损、有无散落砂料及脏物;浇注系统是否修光,型芯是否烘干,有无破损,型芯通气孔是否畅通;按图样检查砂型和型芯的几何形状和尺寸;检查型芯头与砂型上的型芯座是否吻合型芯,一般是通过型芯头坐落在下砂型中的型芯座上来检查;有某些特殊要求时,可将型芯悬吊在上砂箱上,称为吊芯。当某些铸件因结构限制没有足够的芯头来支撑型芯时,可用金属薄片制成的芯撑。

(2) 砂型装配检验如图 2-15 所示,除对砂型及型芯分别进行检验外,当型芯下到砂型后,还应对装配的砂型尺寸、相对位置、壁厚等进行检查。

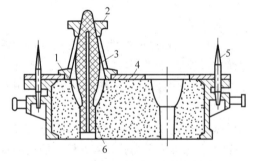

图 2-15　装配后的砂型用样板检验

1—型腔; 2—样板; 3—型芯; 4—导向板; 5—导销; 6—型芯头

(3) 将型芯的通气孔与大气连通检验合格后,即可紧固型芯,然后将砂型中型芯的通气道与砂型上的通气道连通,并使之通到型外。气体引出砂型外的方式,依型芯在砂型中所处位置不同而不同,如图 2-16 所示。

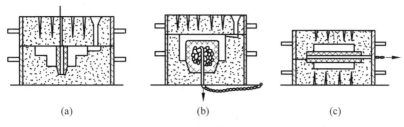

图 2-16　型芯中气体的引出方式

（a）从上砂型出气；（b）从下砂型出气；（c）从分型面出气

2.2.6　熔炼、浇注、落砂和清理

熔炼是指金属由固态通过加热转变成熔融状态的过程。熔炼的任务是提供化学成分和温度都合格的熔融金属液。如果金属液的化学成分不合格就会降低铸件的力学性能和物理性能；金属液的温度过低，就会使铸件产生浇不到、冷隔、气孔和夹渣等缺陷。

在铸件的生产中，铸铁是使用最多的金属原料，占铸件总量的 70%～75% 以上；其次为铸钢和铝合金。

1. 铸铁的熔炼

铸铁的熔炼应满足下列要求：铁液温度高、铁液化学成分稳定在所要求的范围内、生产率高、成本低。

冲天炉是目前铸造生产中使用最广泛的熔化工具。其优点是结构简单，操作方便，熔化率高，成本低，而且能够连续生产。目前我国 90% 以上铸件所用铁液是用冲天炉熔化的。

2. 铸钢的熔炼

铸钢的强度和韧性均较高，常用来制造较重的铸件。生产中常用三相电弧炉来熔炼铸钢。三相电弧炉的温度容易控制，熔炼质量好，速度快，操作较方便，它既可以用来熔炼碳钢，又可熔炼合金钢。生成小型铸钢件也可用工频或中频感应炉来熔炼。

3. 铝合金的熔炼

铝合金的强度较低，但其具有极佳的加工性能、优良的焊接特点及电镀性、良好的抗腐蚀性、韧性高及加工后不变形、材料致密无缺陷及易于抛光、上色膜容易、氧化效果极佳等优良特点。铸造铝合金的熔炉种类较多，常用的有坩埚炉、感应炉以及反射炉等。炉内含有杂质和气体比较少，合金的成分容易控制，因而熔炼的合金质量高。其缺点是耗电多、成本高，主要用于对质量要求较高的铝、铜等合金的熔炼。

2.2.7　浇注

将液态合金从浇包注入砂型的操作，称为浇注。浇注环节不仅与铸件质量直接相关，还涉及操作者的人身安全。浇注操作不当,会使铸件产生气孔、冷隔、浇不足、缩孔、夹砂等缺陷。在浇注过程中,不允许断流注入。

1) 浇注前的准备工作

(1) 浇注前须备有足够数量的浇包,如图 2-17 所示。浇包外壳用钢板焊成,内壁有耐火材料。浇包使用前必须烘干烘透,以免降低铁液温度或引起铁液飞溅。

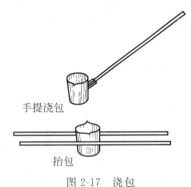

手提浇包

抬包

图 2-17   浇包

(2) 清理浇注时行走的通道,不应有杂物阻碍,更不能有积水。

(3) 浇注前须了解铸件的种类、牌号和重量,同牌号金属液的铸型应集中在一起,以便于浇注。

2) 浇注技术

(1) 浇注温度   金属液浇入铸型时所测量到的温度是浇注温度。浇注温度由铸件材质、大小及形状来确定。浇注温度过低时,由于铁液的充型能力差,易产生浇不足、冷隔和气孔等缺陷;浇注温度过高时,会使铁液收缩量增加而产生缩孔、裂纹以及铸件粘砂等缺陷。对形状复杂的薄壁件,浇注温度应高些;对简单的厚壁件,浇注温度可低些。

(2) 浇注速度   它是单位时间内浇入铸型中的金属液质量。浇注速度应按铸件形状和大小来定。浇注速度应适中,太慢会使金属液降温过多,易产生浇不足等缺陷;太快又会使金属液中的气体来不及析出而产生气孔,同时由于金属液的动压力增大,易造成冲砂、抬箱及跑火等缺陷。对于薄壁件,浇注速度应快一些。

(3) 正确估计金属液质量   金属液不够时应不浇注,否则得不到完整的铸件。

(4) 挡渣   浇注前应向浇包内金属液面上加些干砂或稻草灰,以使熔渣变稠便于扒出或挡住。

(5) 引气   用红热的挡渣勾及时点燃从砂型中逸出的气体,以防 CO 等有害气体污染空气及形成气孔。

2.2.8   落砂

用手工或机械使铸件和型砂、砂箱分开的操作,称为落砂。浇注后,过早地落砂,会使铸件产生应力、变形,甚至开裂,铸铁件还会形成白口而使切削加工困难,一般 10kg 左右的铸件,需冷却 1~2h 才能开型。铸件越大,需冷却时间越长。

2.2.9   铸件的清理

落砂后从铸件上清除表面粘砂、型砂、多余金属(包括浇冒口、飞边和氧化皮)等的过程,称为清理。清理工作主要包括下列内容:

(1) 切除浇冒口   铸铁件性脆,可用铁锤敲掉浇冒口;铸钢件要用气割切除;非铁金属铸件则使用锯子锯掉。

(2) 除芯   从铸件中去除芯砂和芯骨的操作叫除芯。除芯可用手工、振动出芯机或水力清砂装置进行。

（3）清砂 落砂后除去铸件表面粘砂的操作叫清砂。小型铸件广泛采用清理滚筒、喷砂器来清砂；大、中型铸件可用抛丸室等机器清砂；生产量不大时可用手工清砂。

（4）铸件的修理 它是最后磨掉分型面或芯头处产生的飞边、毛刺和残留的浇冒口痕迹的操作。一般采用各种砂轮、手凿及风铲等工具来进行。

（5）铸件的热处理 由于铸件在冷却过程中难免会出现不均匀组织和粗大晶粒等非平衡组织，同时又难免会存在铸造热应力，故清理以后要进行退火、正火等热处理。

2.3　特 种 铸 造

特种铸造是指与普通砂型铸造有显著区别的一些铸造方法，如熔模铸造、金属型铸造、压力铸造、低压铸造、离心铸造、陶瓷型铸造、磁型铸造等。近些年来，特种铸造在我国发展特别迅速，方法也不断增多。每种特种铸造方法在提高铸件精度和表面质量，改善合金性能，提高劳动生产率和降低成本等方面，各有其优越之处。

2.4　铸件缺陷分析

铸件质量的好坏，关系到机器（产品）的质量及生产成本，也直接关系到经济效益和社会效益。铸件结构、原材料、铸造工艺过程及管理状况等对铸件质量都有影响。所以对已发现的铸造缺陷，应分析产生的原因，以便在设计时，采取相应措施改善铸件质量。表 2-2 列出了常见的铸造缺陷及产生的主要原因。

表 2-2　常见铸造缺陷及产生的主要原因

缺陷名称	特征	产生的主要原因
气孔	在铸件内部或表面有大小不等的光滑孔洞	型砂含水过多，透气性差；起模和修型时刷水过多；型芯烘干不良或型芯排气道堵塞；浇注温度过低或浇注速度过快等
缩孔	缩孔多分布在铸件厚断面处，形状不规则，孔内表面粗糙	铸件结构不合理，如壁厚相差过大，无法进行补缩；浇注系统和冒口的位置不对，或冒口过小；浇注温度太高，或合金化学成分不合理，收缩过大
砂眼	铸件内部或表面带有砂粒的空洞	型砂或芯砂的强度不够；砂型和型芯的紧实度不够；合型时砂型局部损坏；浇注系统不合理，冲坏了砂型
粘砂	铸件表面粗糙，粘有砂粒	型砂和芯砂的耐火性不够；浇注温度太高；未刷涂料或涂料太薄

缺陷名称		特征	产生的主要原因
错型		铸件沿分型面有相对位置错移	模样的上半模和下半模未对好；合型时，上下砂型未对准
冷隔		铸件上有未完全融合的缝隙或洼坑，其交接处是圆滑的	浇注温度太低，浇注速度太慢或浇注曾有中断；浇注系统位置开设不当或内浇道横截面太小
浇不足		铸件不完整	浇注时含金量不够；浇注时液态合金从分型面流出；铸件太薄；浇注温度太低；浇注速度太慢
裂缝	裂缝	铸件开裂，开裂处金属表面氧化	铸件结构不合理，壁厚相差太大；砂型和型芯的退让性差；落砂过早

检验铸件质量最常用的方法是宏观法。它是通过肉眼观察（或借助尖嘴锤）找出铸件的表面缺陷和皮下缺陷，如气孔、砂眼、夹渣、粘砂、缩孔、浇不足、冷隔等。对于铸件的内部缺陷则要通过一定的仪器进行无损检验才能发现，如进行耐压试验、磁力探伤、超声波探伤等。若有必要，还可对铸件（或试样）进行解剖检验、力学性能检测和化学成分分析等。

2.5　铸造技术发展概况

随着社会经济和科学技术的不断发展，新材料、新能源、新设计、新产品将会不断涌现，人们对物质产品的需求更加多样化，因而对机械制造工艺技术提出更高要求。从总体发展趋势看，优质、高效、低耗、便捷、洁净是机械制造业永恒的追求目标，也是先进制造工艺技术的发展目标。铸造生产正向轻量化、精确化、强韧化、复合化及无环境污染方向发展。

2.5.1　湿砂造型

砂型铸造及湿砂造型仍将是主流的主要原因是：工艺成熟；实现自动化、智能化后，生产能力可提高；原材料简单易得，价格便宜；采用柔性化生产措施，生产灵活机动，单件、小批生产也能上自动线等。

1. 开发和应用新的造型材料和砂处理设备

例如，采用树脂砂造型（芯），并减少树脂中的有害成分和使旧砂最大限度地再生；使用高密度特殊涂料，生产近无余量的铸件；向型（芯）砂中加入树脂；实现水玻璃砂的多样化，使其性能达到或接近树脂砂等;使用大型化转子式混砂机等砂处理设备,使混砂和输送及各工序之间实现半自动、自动化,大大改善砂处理工作环境等。

2. 砂型铸造向机械化、自动化方向发展

砂型铸造中进一步开发和推广各种新的造型(芯)方法,如高压造型、射压造型、气冲造型、挤压造型等;新型冷芯盒或温芯盒造芯、组合射芯等及实现自动组芯和下芯;使用自动快换模板和模样等,形成铸造生产过程的机械化、自动化和生产流水线,如多触头高压造型线、气冲造型线、静压造型线(或单机)、挤压造型线等,大大提高生产效率和产品质量。

3. 铸造合金材料有所发展和改变

开展新材料及特殊材料的铸造成型新工艺的基础理论研究。如铸镁合金、铸铝合金、铸钛合金等轻合金和球墨铸铁的需求量将大幅上升,灰铸铁会有所下降,可锻铸铁将逐渐减少,普通铸钢、特殊性能铸钢等仍然使用。新型铸造功能材料如铸造复合材料、阻尼材料和具有特殊磁学、电学、热学性能和耐辐射材料等进入铸造领域。

4. 改进合金的熔炼方法

例如,对冲天炉各参数实现自动控制和显示;采用冲天炉——工频炉双联熔炼工艺;用感应电炉取代冲天炉熔炼铸铁,其中中频感应炉电效率和热效率高,熔炼时间短、省电、占地面积小,投资较低,易实现熔炼过程自动化及铸造清洁生产,将扩大使用范围。

5. 改进铸件清理和检验

铸件的清理经过笼型抛丸机、机械手柔性抛丸机、多抛头抛丸机等设备清理后,进入专机清理自动线,再经过粗磨削、硬度检测、水压或气压试验等一条龙工作,减轻人工操作负担,提高机械化、自动化程度。

2.5.2　改进和发展特种铸造工艺及复合铸造技术

1. 改变成熟的特种铸造方法

(1)压铸　压铸发展历程跨越了近两个世纪,轻合金压铸的高度自动化,铸件的大型复杂化,把压铸推向新的水平和新的高度。国内外采用了真空压铸,加氧压铸,精、速、密压铸等新工艺。压铸工业正从液态压铸向半固态压铸(流变性半固态或触变性半固态金属)和固态压铸(粉状或粒状固态金属)发展。

(2)熔模铸造　熔模铸造中采用 CAD/CAM 技术制造高精度压型、模具;用程控压蜡机生产形状尺寸精度很高的蜡模;各种新模料,新黏结剂和制壳新工艺不断涌现;高温合金单晶体定向凝固熔模铸造等,使熔模铸造成为一种近无余量的精密铸造技术。

(3)金属型和低压铸造　金属型和低压铸造实现凝固过程和充型过程的数值模拟;建成了铜合金铸件及铸铁件金属型铸造生产线;带有电子控制装置的低压铸造机等,使成熟的特种铸造工艺有了新的技术创新和应用范围的不断扩大。

2. 发展新的铸造方法

近几年重点发展了消失模铸造等技术。

(1) 消失模铸造　消失模铸造是一门塑料、化工、机械、铸造融为一体的综合性多学科的系统工程。一种消失模铸造是用泡沫塑料模代替木模或金属模,与砂型铸造相结合的方法;另一种是用泡沫塑料代替蜡模,与熔模铸造相结合的精密铸造方法。采用消失模铸造生产的铸件质量好,铸件壁厚公差达到 ± 0.15 mm,表面粗糙度值 Ra 达到 25μm。消失模铸造可以生产近净形和形状非常复杂的组合铸件,适用于铝合金、灰铸铁、球墨铸铁及各种铸钢件等的生产。

(2) 开发复合铸造方法　如将化学黏结剂砂型(芯)与高压铸造、低压铸造、真空吸铸等方法相结合;真空密封造型与消失模工艺结合等,预计复合铸造方法将会有更显著的发展。

2.5.3　计算机技术和机器人在铸造生产过程中的应用

计算机技术是铸造生产现代化的主要发展方向,归纳起来计算机有以下应用:对大型铸件充型凝固过程进行三维数值模拟,对铝合金、铜合金的微观组织形成过程进行二维、三维模拟;CAD/CAM 设计制造模具;控制造型自动线;控制熔化过程;控制型砂质量;自动检测自动线的故障及定点定性声像报警等。计算机在铸造行业中的应用,将会飞速地发展,使"自动化"转变为"智能化",为此,还要大力开发用于铸造生产的计算机软件,如铸造专家系统等。

铸造生产过程中,机器人正在取代某些环节的人工操作。机器人已成为压铸机、制芯机、落砂机等设备的附属设备。铸造是有名的热、脏、累工种,随着机器人制作技术的进步和造价的降低,可以预料,机器人在铸造领域中的应用,将有广阔的前景。

2.5.4　国内铸造行业趋势

铸造是现代机械制造工业的基础工艺之一,因此铸造业的发展标志着一个国家的生产实力。随着我国铸造产业的不断发展,国内铸造产业将打造"四有"创新企业,即有创新思想、创新计划、创新的制度和体系以及创新的工作方式。而在转型升级方面,则要打造具有六大特征的新型企业:①制造前端市场研发和后端服务变大,制造环节缩小的业务模式创新的企业。②从卖商品转变到卖方案,提供完整解决方案的企业。③以智能和集成为标志的数字化企业。④三五年翻一番的速度型企业。⑤先进科技、绿色制造、持续创新的企业。⑥打造高端产品、精品、引导消费、品牌制胜的企业。相信这样的产业革新,会使得我国铸造业未来将更加辉煌,更加美好,我们拭目以待。

锻压成型

第**3**章

3.1 概　　述

3.1.1 概念

锻压成型是指通过控制金属在外力作用下产生的塑性变形,以获得具有一定形状、尺寸和性能的型材、零件或毛坯的成型方法,又称为塑性成型或压力加工。金属经受锻压成型的能力称为金属的可锻性,通常用塑性和变形抗力表示。塑性是指金属产生塑性变形而不破坏的能力,变形抗力是金属在变形过程中抵抗工具作用的力。塑性越好,变形抗力越小,金属可在较小的外力作用下产生较大程度的塑性变形,其可锻性越好。

3.1.2 起源与发展

锻压成型技术是历史最为久远的制造方法之一,大约有八千年至一万多年的历史。世界上发现的最早的金属制品是出土于伊拉克的约公元前九千年至公元前八千年间的用天然铜锻打成型的装饰物和小用品。我国在距今大约六千年前有了用锻造方法成型的黄金、红铜等有色金属制品。但人类早期的锻压生产都是以人力或畜力完成工件的锻打。14—16世纪出现了水力落锤。19世纪中叶,英国工程师内史密斯创制了第一台蒸汽锤,开始了蒸汽动力锻压机械的时代。19世纪末出现了以电为动力的压力机和空气锤。20世纪以来,锻压机械向高速、高效和自动化方向发展,出现了高速压力机、三坐标多工位压力机和多种自动化生产线。与此同时,人类对金属塑性变形机理的认识也经历了一个从“经验”到“规律”的转变。屈雷斯加和密席斯先后发现了金属发生塑性变形的条件,古布金较为全面、系统地论述了塑性变形的原理,这些为锻压成型技术的进一步发展提供了理论基础。

今天的锻压成型技术已经从早期简单的“锻打”向“净形制造”技术转变。面向 21 世纪的信息时代,塑性成型技术仍是机械制造中生产金属零件最基本的方法之一。

3.1.3 锻压成型的分类与应用

根据成型工艺和设备的不同,锻压成型方法包括以下几类。

（1）轧制　轧制是指金属坯料在两个轧辊的空隙中受压变形，以获得各种产品的加工方法（图 3-1(a)）。改变轧辊上的孔型，可以轧制出不同截面的原材料。

（2）挤压　挤压是指金属坯料在挤压模内受压被挤出模孔而变形的加工方法（图 3-1(b)）。挤压过程中金属坯料的截面依照模孔的形状减小，坯料的长度增加。

（3）拉拔　拉拔是指将金属坯料拉过拉拔模的模孔而变形的加工方法（图 3-1(c)）。

（4）自由锻　自由锻是指金属坯料在上、下砧铁间受冲击力或压力而变形的加工方法（图 3-1(d)）。

（5）模锻　模锻是指金属坯料在具有一定形状的锻模模膛内受冲击力或压力作用而变形的加工方法（图 3-1(e)）。

（6）板料冲压　板料冲压是指金属板料在冲模作用下产生分离或变形的加工方法（图 3-1(f)）。

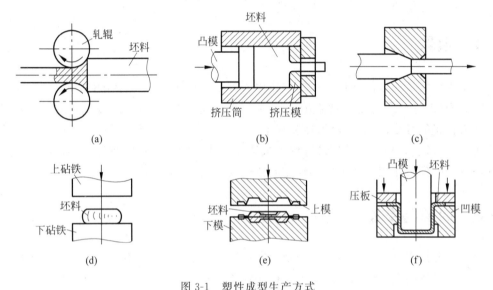

图 3-1　塑性成型生产方式

(a) 轧制；(b) 挤压；(c) 拉拔；(d) 自由锻；(e) 模锻；(f) 板料冲压

上述不同的锻压方法在机械制造、军工、航空、轻工、家用电器等行业得到广泛应用。如常用的各种金属型材、板材、管材和线材等原材料，大多是通过轧制、挤压、拉拔等方法制成的。机器中承受重载荷或交变载荷的机械零件，如主轴、重要齿轮、连杆、炮管和枪管等，一般都是采用锻造的方法生产毛坯，再经切削加工而成。板料冲压广泛应用于汽车制造、电器、仪表及日用品工业等方面。

3.1.4　锻压成型的特点

锻压成型能消除金属铸锭内部（铸造组织）的气孔、缩孔和树枝状晶等缺陷，并细化晶粒，得到致密的金属组织，使锻件力学性能较高。锻压成型既可生产精度要求较低的毛坯件，也可生产精度要求较高的精密锻件，如曲轴、精锻齿轮等；锻件重量几乎不受限制，小到不足 1kg，大到重达几百吨都可锻压成型；可单件小批量生产，也可大批量生产，工艺适应性较好。锻压成型在利用专用设备和模具的情况下,具有较高的生产率。锻压所用的金属材料应具有良好的塑性,以便在外力作用下,能产生塑性变形而不破坏。锻压成型不适宜加工形状较复杂的工件,特别是对具有复杂内腔的零件或毛坯的加工比较困难。

3.2　锻造的生产过程

锻造包括自由锻造和模型锻造,是生产承受重载荷的重要零件或毛坯的主要方法。锻造生产过程一般包括下料、坯料加热、锻造成型、冷却和质量检验等工艺环节。

3.2.1　下料

下料是根据锻件的尺寸和锻造工艺要求对原材料进行分割以获得单个坯料的生产过程。传统的下料方法是用锯床、剪床、车床、砂轮切割机等设备将原材料分割开来。现在也有用电火花切割、激光切割、高压水射流切割等新的方法来进行下料切割。

3.2.2　坯料加热

1. 加热的目的和锻造温度范围

锻造加热的目的是提高坯料的塑性并降低变形抗力,以改善其可锻性。一般地说,随着温度的升高,金属材料的强度会降低,而塑性会提高,可锻性变好。但是加热温度过高,也会使锻件质量下降,甚至造成废品。因此,金属的锻造应在一定温度范围内进行。

金属材料在锻造时,所允许的最高加热温度,称为该材料的始锻温度。坯料在锻造过程中,随着热量的散失,温度下降,塑性变差,变形抗力变大。温度下降到一定程度后,不仅难以继续变形,且易于锻裂,必须停止锻造,重新加热。各种材料停止锻造的温度,称为该材料的终锻温度。

锻造温度范围就是指从始锻温度到终锻温度的温度区间。确定原则是:在保证金属坯料具有良好的可锻性的前提下,应尽量放大锻造温度范围,以便有较宽裕的时间进行锻造成型,且减少加热次数,降低材料消耗,提高生产率。

钢的开始再结晶温度约为727℃,但普遍采用800℃作为划分线,高于800℃的是热锻;在300~800℃之间称为温锻或半热锻,在室温下进行锻造的称为冷锻。用于大多数行业的锻件都是热锻,温锻和冷锻主要用于汽车、通用机械等零件的锻造,温锻和冷锻可以有效节材。

2. 加热方法

1) 火焰加热法
采用烟煤、柴油、重油、煤气作为燃料。利用燃料中的碳、氢等可燃物质在空气中燃烧时放出的热量,将金属坯料加热。

2) 电加热法

利用电流通过特种材料制成的电阻体产生热量,再以辐射传热方式将金属坯料加热。电加热法主要有:电阻加热法、感应加热法,电接触加热法和盐浴加热法。

3. 加热缺陷

1) 氧化和脱碳

钢是铁与碳组成的合金。加热过程中,如果钢料与高温的氧气、二氧化碳及水蒸气等接触,发生剧烈的氧化,使坯料的表面产生氧化皮及脱碳层,影响锻件质量,严重时会造成锻件的报废。

减少氧化和脱碳的措施是严格控制送风量,快速加热,减少坯料加热后在炉中停留的时间,或采用少氧化、无氧化等加热方法。

2) 过热和过烧

加热钢料时,如果加热温度超过始锻温度,或在始锻温度下保温过久,内部的晶粒会急剧长大,这种现象称为过热。过热的锻件机械性能较差。可通过增加锻打次数或锻后热处理的办法,使晶粒细化。

如果将钢料加热到更高的温度,或让过热的钢料在高温下长时间保温,会造成晶粒间低熔点杂质的熔化和晶粒边界的氧化,削弱晶粒之间的联结力,继续锻打时会出现碎裂,这种现象称为过烧。过烧的钢料是无可挽回的废品。

要防止过热和过烧,须严格控制加热温度,不要超过规定的始锻温度,尽量缩短坯料在高温下停留的时间。

3.2.3　锻造成型

按所用设备、工具及成型工艺的不同,锻造成型可分为自由锻成型和模锻成型。

1. 自由锻

自由锻是指金属坯料在上、下砧铁间受压变形时,可朝各个方向自由流动,不受限制,其形状和尺寸主要由操作者的操作来控制。根据动力来源不同,自由锻分为手工自由锻和机器自由锻。手工锻造只适合生产小型锻件,机器自由锻则是可生产各种大小的锻件,是自由锻的主要生产方法。

自由锻工艺灵活,设备和工具的通用性强,成本低;锻件精度较低,加工余量较大,生产率低,一般只适合于单件小批量生产。自由锻是生产重型机械中大型和特大型锻件的唯一方法。

1) 自由锻设备

自由锻设备根据其对坯料施加外力的性质不同,分为锻锤和液压机两大类。锻锤是依靠产生的冲击力使金属坯料变形,但由于能力有限,故只用来锻造中、小型锻件。液压机是依靠产生的压力使金属坯料变形,能锻造质量达300t的锻件,是锻造生产大型锻件的主要设备。常用的自由锻设备是空气锤。

空气锤的结构如图3-2(a)所示,由锤身、压缩缸、工作缸、传动机构、操纵机构、落下部分及砧座等几个部分组成。锤身和压缩缸及工作缸缸体铸成一体。传动机构包括减速机构及曲柄、连杆等。操纵机构包括踏杆(或手柄)、旋阀及其连接杠杆。空气锤的规格用落下部分的质量表示,有 65kg、75kg、150kg、250kg、500kg、750kg 等多种规格。

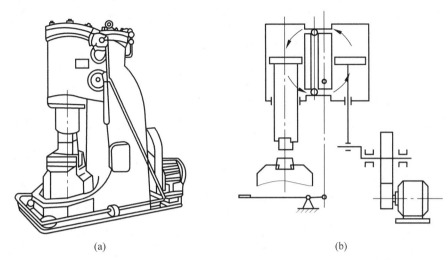

(a)   (b)

图 3-2 空气锤的结构和传动原理

(a) 空气锤结构;(b) 空气锤传动原理

空气锤的传动原理如图 3-2(b)所示。电动机通过减速装置带动曲柄连杆机构运动,使压缩气缸的压缩活塞上下运动,产生压缩空气。通过手柄或踏脚杆操纵上下旋阀,使其处于不同位置时,可使压缩空气进入工作气缸的上部或下部,推动由活塞、锤杆和上砧铁组成的落下部分上升或下降,完成各种打击动作。

通过控制旋阀与两个气缸之间的连通方式,可使空气锤产生提锤、连打、下压、空转等四种动作。

(1) 提锤 上阀通大气,下阀单向通工作气缸的下腔,使落下部分提升并停留在上方。

(2) 连打 上下阀均与压缩空气和工作气缸连同,压缩空气交替进入气缸的下腔和上腔,使落下部分上下运动,实现连续打击。

(3) 下压 下阀通大气,上阀单向通工作气缸的上腔,使落下部分压紧工件。

(4) 空转 上下阀均与大气相同,压缩空气排入大气中,落下部分靠自重停落在下砧铁上。

2) 自由锻工序

锻件的自由锻成型过程是通过一系列工序来完成的。根据变形性质和程度的不同,自由锻工序分为辅助工序、基本工序和精整工序三类。辅助工序是为便于基本工序的实施而使坯料预先产生少量变形的工序,如压肩、压痕等。精整工序是为修整锻件的尺寸和形状,校正弯曲和歪扭等目的而施加的工序,如滚圆、摔圆、平整、校直等。基本工序是改变坯料的形状和尺寸,实现锻件基本成型的工序,有镦粗、拔长、冲孔、弯曲、扭转和错移等。

(1) 镦粗

使毛坯垂直高度减小,横断面积增大的锻造工序称为镦粗,分全镦粗(图 3-3a)和半镦粗(图 3-3(b)),主要用来制造齿轮坯、凸缘等盘类锻件。

镦粗应注意的问题如下：

① 镦粗前,坯料表面不得有凹孔、裂纹等缺陷,否则镦粗会使缺陷扩大,若裂纹超过锻件的加工余量,将产生废品。

② 镦粗时,为防止坯料的纵向弯曲,坯料加热温度要均匀,端面须平整,且垂直于轴线。坯料的高径比(H/D)应小于 $0.25\sim3$(图 3-3(a))。否则容易镦弯(图 3-3(c)),镦弯后可将坯料放倒,轻轻锤击加以校正(图 3-3(d))。操作时要夹紧坯料,以防飞出伤人。

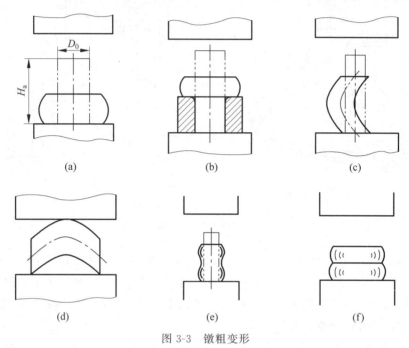

图 3-3　镦粗变形

(a) 全镦粗;(b) 局部镦粗;(c) 镦歪;(d) 镦歪校正;(e) 双鼓形;(f) 夹层

③ 墩粗时,若锤击力不足,或者坯料的高径比偏大,便容易产生双鼓形(图 3-3(e)),为此,对坯料要及时校形,通常是镦粗和校形交替反复进行,以防形成夹层(图 3-3(f))而报废。

(2) 拔长

使坯料的横截面面积减小,长度增加的工序称为拔长,主要用来制造曲轴、连杆等长轴类的锻件。拔长时注意的问题如下。

① 在平砧铁上拔长,可用反复左右翻转 $90°$ 的方法顺序锻打(图 3-4(a))也可以沿轴线锻完一遍后,先翻转 $180°$ 锻校直,然后再翻转 $90°$ 顺次锻打 (图 3-4(b))。后一种方法适用于大型锻件的拔长。

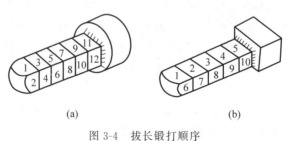

(a)　　　　　　　　　　(b)

图 3-4　拔长锻打顺序

② 送进量须控制得当。坯料每次沿砧铁宽度方向的送进量为砧铁宽度的 30%～70%（图 3-5(a)）。送进量大,坯料主要向宽度方向流动,展宽多,延长小,反而降低了拔长效率（图 3-5(b)）;送进量过小,若小于单面压下量,便会产生夹层（图 3-5(c)）。

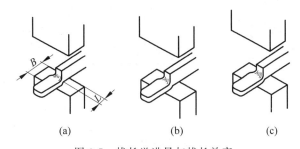

图 3-5　拔长送进量与拔长效率

(a) 送进量合适;(b) 送进量太大,拔长效率低;(c) 送进量太小,产生夹层

③ 坯料从大直径拔长到小直径时,应先以正方截面拔长到边长接近锻件直径时（图 3-6）,再倒棱角、滚圆校直。

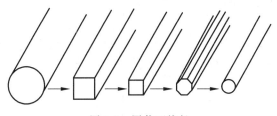

图 3-6　圆截面拔长

④ 每次锻打后,坯料的宽高比(b/h)应小于 2～2.5,否则翻转 90° 再锻时容易产生弯曲。

⑤ 锻造有台阶或凹档的锻件,必须先在坯料上用圆棒压痕或用三角刀切肩（图 3-7）,然后再局部拔长。

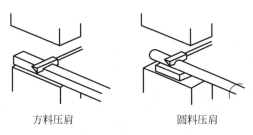

方料压肩　　　　　　　圆料压肩

图 3-7　压肩

(3) 冲孔

在实体坯料上冲出透孔或不透孔的锻造工序称为冲孔,主要用来锻造齿轮、套筒、圆环等有孔的锻件。分单面冲孔和双面冲孔（图 3-8）

冲孔时应注意的问题:

① 坯料加热要均匀,防止由于塑性变形不均而将孔冲歪。

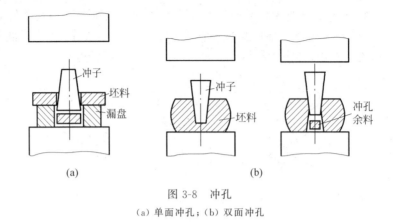

图 3-8　冲孔

(a) 单面冲孔；(b) 双面冲孔

② 冲头端面要平整且与中心线垂直，不得有裂纹，防止歪斜伤人。

③ 冲孔前先镦粗，以求坯料端面平整，并减小冲孔深度。

④ 冲孔时，先用冲头轻轻冲出孔位的凹痕，再检查孔位是否准确，若孔位准确方可深冲；为便于取出冲头，冲前向凹痕内撒些煤粉。

（4）弯曲

弯曲是用一定的工模具将毛坯弯成所规定的外形的锻造工序。一般用来锻造吊钩、链环、U 形叉等各种弯曲形状的锻件。弯曲的基本方法有角度弯曲和成型弯曲（图 3-9）。

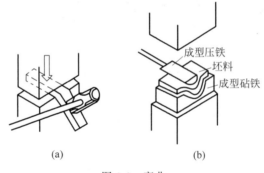

图 3-9　弯曲

(a) 角度弯曲；(b) 成型弯曲

（5）切割

坯料分割开或部分割裂的工序叫切割。方形截面工件的切割如图 3-10(a)所示，先将剁刀垂直切入工件，至快断开时，将工件翻转，再用剁刀截断。切割圆形截面工件时，要将工件放在带有凹槽的剁砧中，边切割边旋转，操作方法如图 3-10(b)所示。

（6）扭转

将坯料的一部分相对另一部分绕其轴线旋转一定角度的锻造工序，称为扭转。图 3-11所示的扭转方法，可使不在同一平面内的几部分组成的锻件（曲轴），先在一个平面内锻出，然后再扭转到所要求的位置，从而简化锻造操作。

（7）错移

错移是将坯料的一部分相对另一部分错开，但仍保持轴线平行的成型方法，图 3-12 所示为坯料的错移。

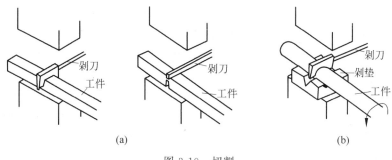

图 3-10　切割

（a）方料切割；（b）圆料切割

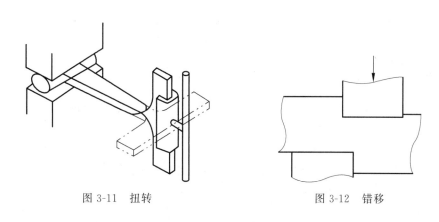

图 3-11　扭转　　　　图 3-12　错移

3）自由锻工艺示例

用自由锻方法生产零件的毛坯时,首先应设计自由锻工艺规程,锻造车间再根据工艺规程组织生产。工艺规程设计应从优质、高效、低耗的原则出发,尽量减少工序次数和合理安排工序的顺序,以缩短工时,提高质量,节约燃料和材料。自由锻生产如图 3-13 所示齿轮轴零件的毛坯时（45 号钢）,工艺规程设计内容与步骤如下。

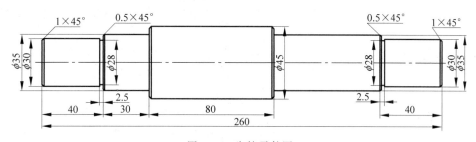

图 3-13　齿轮零件图

（1）绘制锻件图

自由锻件图是在零件图的基础上考虑了敷料、加工余量和锻造公差等之后绘制的。

敷料是为简化锻件形状、便于进行锻造而增加的一部分材料,也称为余块。余量是为零件的加工表面上增加供切削加工用的材料,具体数值结合生产的实际条件查表确定。公差是锻件名义尺寸的允许变动量,根据锻件形状、尺寸加以选取。

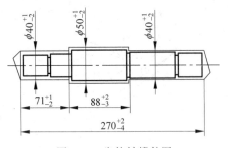

图 3-14 齿轮轴锻件图

锻件图上的双点画线表示零件图的轮廓形状,在各尺寸线下面的括号内标出零件的尺寸。齿轮轴锻件图如图 3-14 所示。

（2）坯料质量计算

$$G_坯 = G_{锻件} + G_{烧损} + G_{料头}$$

式中,$G_坯$ 为坯料质量;$G_{锻件}$ 为锻件质量;$G_{烧损}$ 为加热时坯料表面氧化而烧损的质量,第一次加热时取被加热金属的 2%～3%,以后各次加热取 1.5%～2%;$G_{料头}$ 为在锻造过程中冲切掉的金属的质量,如冲孔时的料芯,修切时的料头等。

根据锻件图尺寸可计算出齿轮轴锻件体积,再根据材料的密度可计算出锻件的质量。加上料头和烧损的质量,就可计算出齿轮轴锻件坯料质量。

（3）锻造比

坯料锻造前的横截面积和锻造后的横截面积之比,称为锻造比。为获得理想的组织性能,对不同的材料及材料状态须用不同的锻造比进行锻造。45 钢的合理锻造比一般应大于 1.5。

（4）确定毛坯的尺寸

根据锻造过程的变形工序和锻造比可以确定毛坯的横截面积,再由毛坯的质量求得毛坯的尺寸。确定齿轮轴锻件坯料为 ϕ50mm、长度为 215mm 的圆钢。

（5）确定锻造工序及设备

不同形状的锻件的锻造工序,一般应根据锻件形状和成型工序特点选择。齿轮轴锻件为带台阶轴类小型锻件,根据表 3-1 可确定齿轮轴自由锻生产时所需的锻造工序为压肩、拔长、摔圆等。中小型锻件一般采用空气锤锻造,大型锻件一般采用水压机锻造。齿轮轴锻件为小型锻件,可根据工厂设备情况选用 65kg、75kg 空气锤。

表 3-1　自由锻件类型及变形工序

锻件类别	图　例	锻造工序
盘类锻件		镦粗（或拔长及镦粗）冲孔
轴类锻件		拔长（或镦粗及拔长）,切肩和锻台阶
筒类锻件		镦粗（或拔长及镦粗）,冲孔,在芯轴上拔长
环类件		镦粗（或拔长及镦粗）,冲孔,在芯轴上扩孔

锻件类别	图　例	锻造工序
曲轴类件	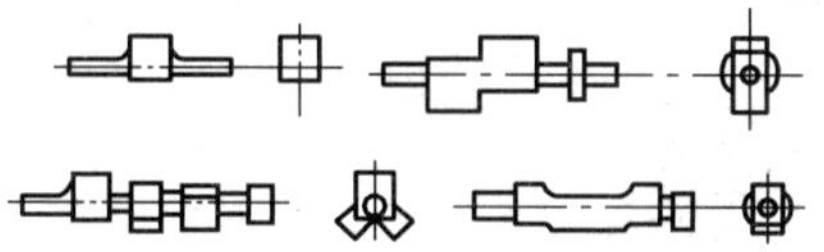	拔长（或镦粗及拔长），错移，锻台阶，扭转
弯曲类件	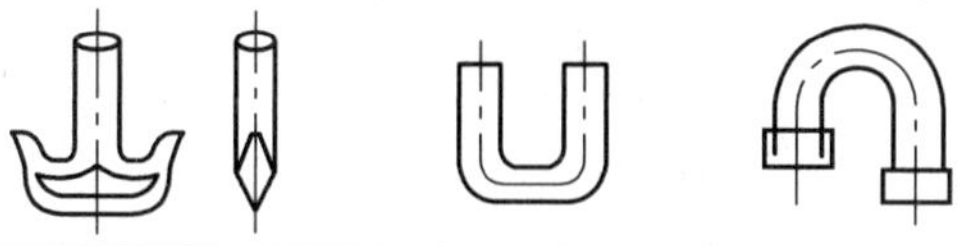	拔长，弯曲

（6）锻造温度范围的确定

确定锻造温度范围的原则是保证金属在锻造过程中有较高的塑性、较小的变形抗力，同时应尽可能宽锻造温度范围，以便减少火次，提高生产率。齿轮轴锻件材料为 45 钢，可根据铁碳合金图或查手册，确定锻造温度范围为 800～1200℃。

（7）填写工艺卡片

将前述所制定的工艺规程的结果填写在卡片上，就形成齿轮轴自由锻件的锻造工艺卡，如表 3-2 所示。它是生产中的重要技术文件，是作为组织生产的依据。

表 3-2　齿轮轴零件如图坯自由锻工艺过程

锻件名称	齿轮轴毛坯	工艺类型	自由锻
材　料	45 钢	设　备	75kg 空气锤
加热次数	2 次	锻造温度范围	800～1200℃

锻　件　图	坯　料　图

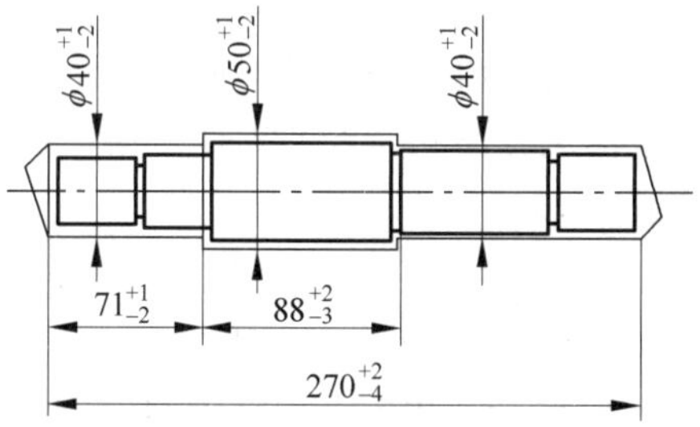

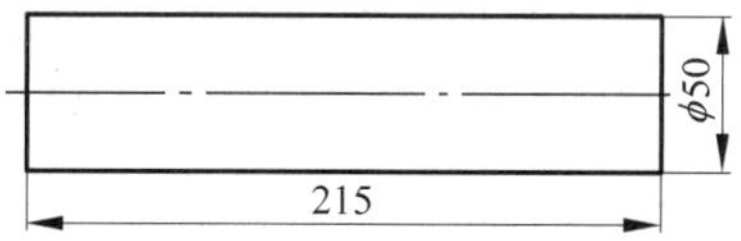

序号	工序名称	工序简图	使用工具	操作工艺
1	压肩	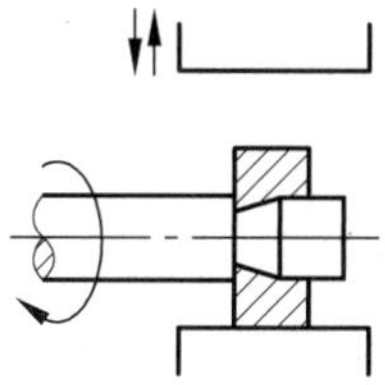	圆口钳；压肩摔子	边轻打，边旋转锻件
2	拔长	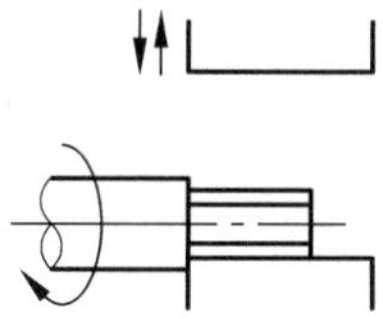	圆口钳	将压肩一端拔长至直径不小于 $\phi40$mm

续表

序号	工序名称	工序简图	使用工具	操作工艺
3	摔圆	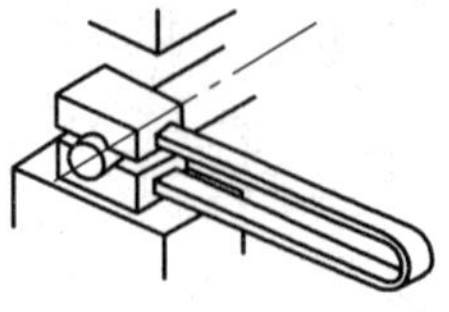	圆口钳；摔圆摔子	将拔长部分摔圆至 $\phi(40\pm1\text{mm})$
4	压肩	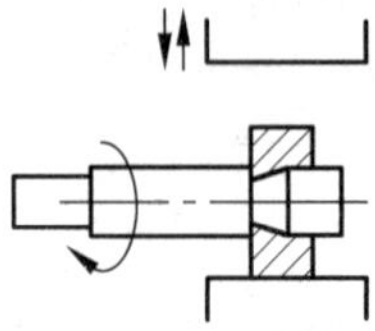	圆口钳；压肩摔子	截出中段长度 88mm 后，将另一端压肩
5	拔长	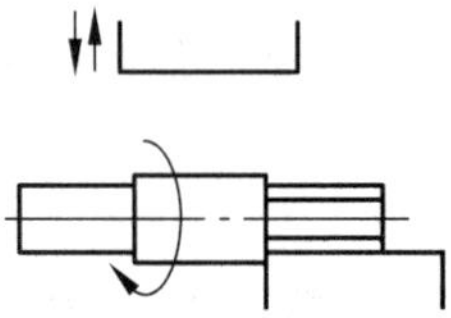	尖口钳	将压肩一端拔长至直径不小于 $\phi40\text{mm}$
6	摔圆修整	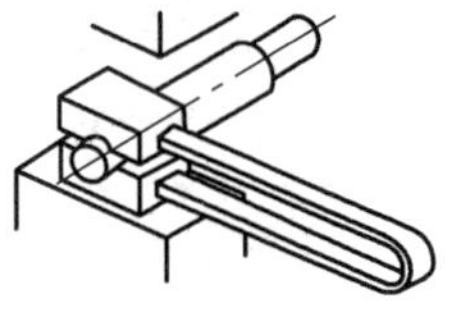	圆口钳；摔圆摔子	将拔长部分摔圆至 $\phi(40\text{mm}\pm1\text{mm})$

2. 模型锻造

模型锻造是金属坯料在锻模的模膛内受压发生塑性变形而获得锻件的成型方法。成型过程中，金属坯料发生塑性变形并充满模膛，形成与锻模模膛形状一致的工件。根据使用设备的不同分为锤上模锻、压力机上模锻、胎模锻等模锻。

1）锤上模锻

（1）锤上模锻设备

锤上模锻的常用设备是蒸汽-空气模锻锤，图 3-15 所示为常用的蒸汽-空气模锻锤。

蒸汽-空气模锻锤砧座比相同吨位自由锻锤的砧座增大约 1 倍，并与锤身 2 连成一个刚性整体，锤头 7 与导轨之间的配合比自由锻锤精密，使锤头工作时上模 6 与下模对位精度较高。

（2）锤上模锻锻模

① 锻模结构。锤上模锻生产所用的锻模如图 3-16 所示。带有燕尾的上模 2 和下模 4 分别用楔铁 10 和 7 固定在锤头 1 和模垫 5 上，模垫用楔铁 6 固定在砧座上。上模随锤头做上下往复运动。

② 模膛的类型。根据模膛作用的不同，可分为制坯模膛和模锻模膛两种。

A. 制坯膜膛　对于形状复杂的模锻件，为了使金属能合理分布和很好地充满模锻模膛，就必须预先在制坯模膛内制坯。制坯模膛（图 3-17）有以下几种。

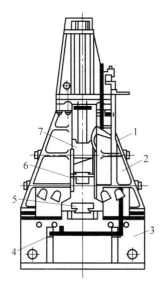
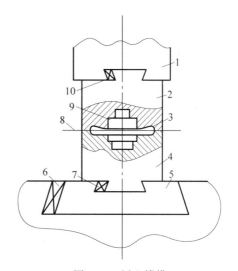

图 3-15　蒸汽-空气模锻锤
1—操纵机构；2—锤身；3—砧座；4—踏杆；
5—下模；6—上模；7—锤头

图 3-16　锤上锻模
1—锤头；2—上模；3—飞边槽；4—下模；5—模垫；
6,7,10—楔铁；8—分模面；9—模膛

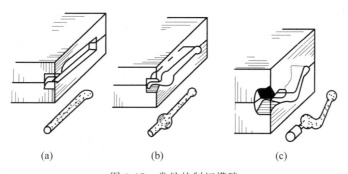

图 3-17　常见的制坯模膛
（a）拔长模膛；（b）滚压模膛；（c）弯曲模膛

　　a. 拔长模膛，用来减小坯料某部分的横截面积，以增加该部分的长度；
　　b. 滚压模膛，用来减小坯料某部分的横截面积，以增大另一部分的横截面积；
　　c. 弯曲模膛，对于弯曲的杆类模锻件，需采用弯曲模膛来弯曲坯料；
　　d. 切断模膛，它是在上模与下模的角部组成的一对刀口，用来切断金属，如图 3-18 所示。
　　B. 模锻模膛　由于金属在此种模膛中发生整体变形，故作用在锻模上的抗力较大。模锻模膛又分为终锻模膛和预锻模膛两种。
　　终锻模膛的作用是使坯料最后变形到锻件所要求的形状和尺寸。模膛四周有飞边槽，用以增加金属从模膛中流出的阻力，使金属更好地充满模膛，同时容纳多余的金属。有通孔的锻件，终锻后在孔内留有一薄层金属，称为冲孔连皮（图 3-19）。把连皮和飞边冲掉，才能得到具有通孔的模锻件。

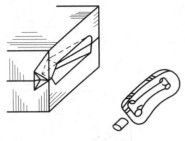

图 3-18　切断模膛

图 3-19　带有飞边槽和冲孔连皮的模锻件

1—飞边；2—分模面；3—冲孔连皮；4—锻件

预锻模膛的作用是使坯料变形到接近于锻件的形状和尺寸。与终锻模膛的区别是预锻模膛的圆角和斜度较大，没有飞边槽。对于形状简单或批量不够大的模锻件也可以不设预锻模膛。根据模锻件的复杂程度不同，锻模可设计成单膛锻模或多膛锻模。多膛锻模是在一副锻模上具有两个以上模膛的锻模，如弯曲连杆模锻件的锻模即为多膛锻模，如图 3-20 所示。

2）压力机上模锻

（1）曲柄压力机上模锻

曲柄压力机的传动系统如图 3-21 所示。当离合器 7 在结合状态时，电动机 1 的转动通过带轮 2、3、传动轴 4 和齿轮 5、6 传给曲柄 8，再经曲柄连杆机构使滑块 10 作上下往复直线运动。离合器处在脱开状态时，带轮 3（飞轮）空转，制动器 15 使滑块停在确定的位置上。锻模分别安装在滑块 10 和工作台 11 上。顶杆 12 用来从模膛中推出锻件，实现自动取件。曲柄压力机的吨位一般是 2000～120 000kN。

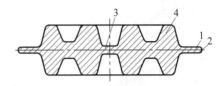

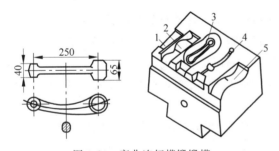

图 3-20　弯曲连杆模锻锻模

1—延伸模膛；2—滚压模膛；3—终锻模膛；4—预锻模膛；

5—弯曲模膛

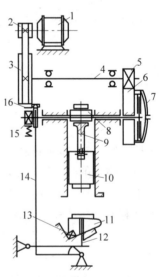

图 3-21　曲柄压力机传动图

1—电动机；2,3—带轮；4—传动轴；5,6—齿轮；7—离合器；8—曲柄；9—连杆；10—滑块 11—工作台；

12—顶杆；13—楔铁；14—下顶出机构；15—制动器

（2）摩擦压力机模锻

摩擦压力机的工作原理如图 3-22 所示。锻模分别安装在滑块 7 和机座 9 上，电动机 5 经皮带 6 使摩擦盘 4 旋转，改变操作杆位置可以使摩擦盘沿轴向左右移动，于是飞轮 3 可先后分别与两侧的摩擦盘接触而获得不同方向的旋转，并带动螺杆 1 转动，在螺母 2 的约束下，螺杆的转动变为滑块的上下滑动，实现模锻生产。

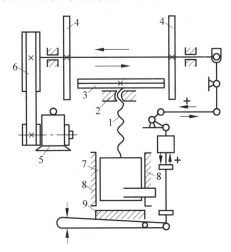

图 3-22　摩擦压力机传动图
1—螺杆；2—螺母；3—飞轮；4—摩擦盘；5—电动机；6—皮带；7—滑块；8—导轨；9—机座

3.2.4　锻件的冷却

锻件的冷却是保证锻件质量的重要环节。冷却的方式有以下几种。

（1）空冷　锻件在无风的空气中，放在干燥的地面上冷却称为空冷。

（2）坑冷　锻件在有石棉灰、砂子或炉灰等材料的地坑或铁箱中冷却的方法。

（3）炉冷　锻件放在 500～800℃ 的加热炉中，随炉缓慢冷却的方法。

一般地说，碳素结构钢和低合金钢的中小型锻件，锻后均采用冷却速度较快的空冷，成分复杂的合金钢锻件大都采用坑冷或炉冷。

3.3　板料冲压

板料冲压是通过模具对板料施压使之产生分离或变形，获得一定形状、尺寸和性能的零件或毛坯的加工方法。通常是低于板料再结晶温度的条件下进行的，因此又称为冷冲压。只有当板料厚度超过 8mm 或材料塑性较差时才采用热冲压。

冲压生产的基本工序有分离工序和变形工序两大类。

1. 分离工序

分离工序是使坯料的一部分与另一部分相互分离的工序，包括落料、冲孔等，如表 3-3 所示。

表 3-3 冲压分离工序

工序名称	工序简图	特点及应用范围
落料	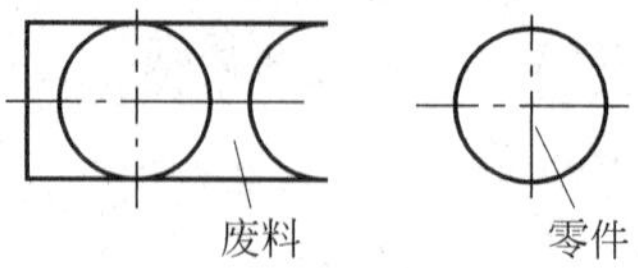 废料 零件	用模具沿封闭线冲切板料,冲下的部分为工件,其余部分为废料
冲孔	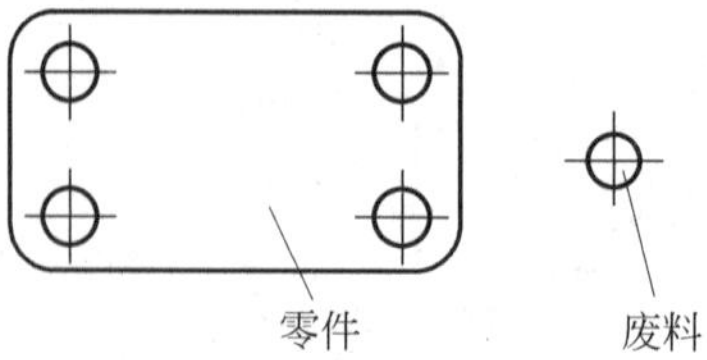 零件 废料	用模具沿封闭线冲切板料,冲下的部分为废料
切边	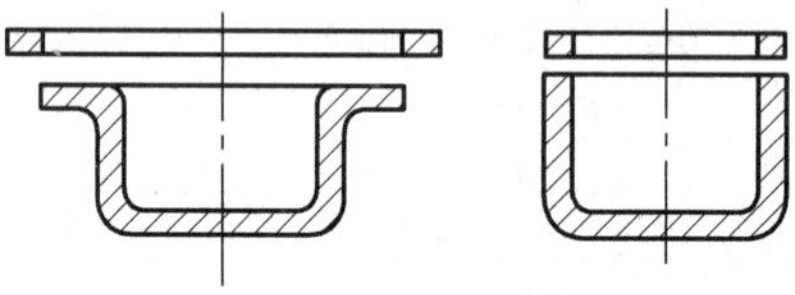	将拉深或成型后的半成品边缘部分的多余材料切除
切断	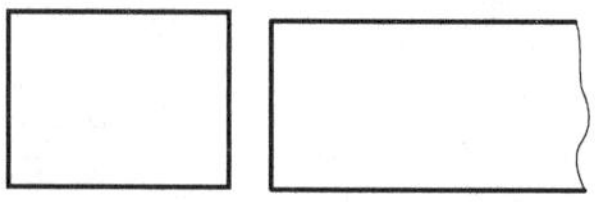	用剪刃或模具切断板料,切断线不封闭
切口	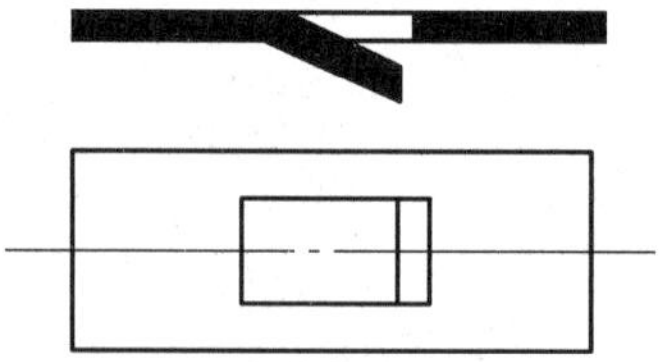	在毛料上将板料部分切开,切口部分发生弯曲
剖切	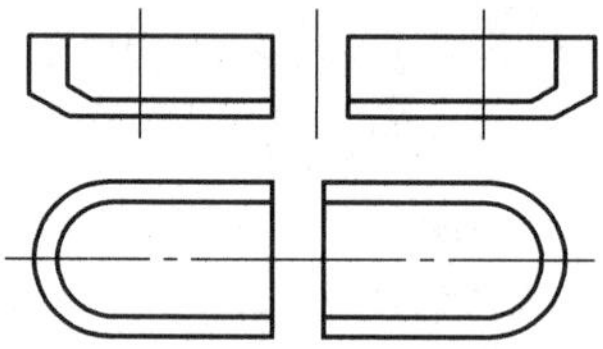	将半成品切开成两个或几个工件,常用于成对冲压

2. 变形工序

变形工序是使坯料的一部分相对于另一部分产生位移而不破裂的工序,包括拉深、弯曲、翻边、成型等,如表 3-4 所示。

表 3-4 冲压变形工序

工序名称	工序简图	特点及应用范围
弯曲	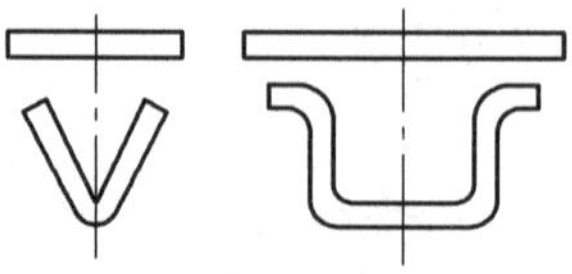	将毛坯或半成品制件沿弯曲线弯成一定角度和形状的制件

工序名称	工 序 简 图	特点及应用范围
拉深		把毛坯拉压成空心体,或者把空心体拉压成外形更小而板厚无明显变化的空心制件
翻边		使毛坯的平面部分或曲面部分的边缘沿一定曲线翻起竖立直边的工序
胀形		在双向拉应力作用下实现的变形,可以成型各种空间曲面形状的零件
缩口		在空心毛坯或管状毛坯的某个部位上使其径向尺寸减小
卷圆		将板料的端部按照一定的半径卷圆
起伏		在板料毛坯或零件的表面上用局部成型的方法制成各种形状的凸起与凹陷
整形		校正制件成准确的形状和尺寸

3.4 国内锻造行业趋势

　　国内部分企业已配备最新的检测仪表和测试技术,采用计算机控制数据处理的现代自动化超声波探伤检测系统,采用各种专用的自动超声波探伤系统,完成各种质量体系的认证等。高速重载齿轮锻件产品的关键生产技术不断被攻克,并在此基础上实现了产业化生产。在引进国外先进生产技术和关键设备的基础上,中国已能自己设计和制造高速重载齿轮锻件的生产装备,这些装备已接近国际先进水平,技术和装备水平的提升有力地促进了国内锻造行业的发展。

焊接技术

第4章

4.1 概　　述

　　焊接是一种重要的材料连接加工工艺,它是通过局部加热或加压等工艺措施,使两分离表面产生原子间的结合与扩散作用,从而形成永久性连接的一种材料连接工艺方法。

　　根据焊接过程的特点,焊接可分为熔焊(或熔化焊)、压焊(或压力焊)、钎焊三大类。

　　(1) 熔焊　熔焊是将工件的焊接处局部加热到熔化状态,形成熔池,然后冷却结晶,形成焊缝,将两部分金属焊接成为一个整体的工艺方法。常见的熔焊有焊条电弧焊、气焊、埋弧焊、氩弧焊、CO_2焊、电渣焊等。

　　(2) 压焊　压焊是将两工件的连接部分加热到塑性或表面局部融化状态,同时施加压力使工件连接起来的一类焊接方法。常见的压焊有电阻焊、摩擦焊等。

　　(3) 钎焊　钎焊是利用熔点比母材低的钎料金属熔化之后,填充接头间隙并与固态的母材相互扩散实现连接的一类焊接方法。常见的钎焊有锡焊、铜焊、银焊等。

　　焊接是一种节省材料、生产率高的金属加工工艺方法,与其他连接形式相比,焊缝具有优良的力学性能,能耐高温高压,且有良好的密封性。广泛应用于锅炉、船体、桥梁、高压容器、汽车制造及家用电器等各行各业。

4.2 电　弧　焊

4.2.1 焊条电弧焊

　　焊条电弧焊是用手工操作焊条进行焊接的电弧焊方法。焊接前,焊钳与焊件分别与电焊机的两个输出端相连,并将焊条夹持在焊钳中,如图4-1所示。焊接时,在焊件与焊条之间引弧,电弧高温使焊件与焊条局部熔化形成熔池,随着焊条的移动,焊件前面的金属不断形成新的熔池,而后面的熔融金属迅速冷却凝固形成焊缝,使分离的两焊件牢固地连接成一个整体。焊条电弧焊操作方便、灵活,设备简单,适应性广,是最常用的一种焊接方法。

1. 电弧焊设备和工具

　　焊条电弧焊的电源设备称为电焊机或弧焊机。根据提供的焊接电流的不同,分为交流

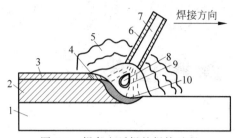

图 4-1　焊条电弧焊的焊接过程

1—焊件；2—焊缝；3—渣壳；4—熔渣；5—气体；6—药皮；7—焊芯；8—熔滴；9—电弧；10—熔池

弧焊机与直流弧焊机两类。

1）交流弧焊机

交流弧焊机是一种特殊的降压变压器，其输出电压随电流的变化而有陡降的特性。北京建筑大学工程实践创新中心有多台 BX1-200 型号交流弧焊机，"B"表示弧焊变压器，"X"表示下降外特性，"1"为系列品种序号，"200"表示弧焊机的额定焊接电流为 200A。用工业电源（220V 或 380V），输出电压空载时为 60～90V；电弧稳定燃烧时的输出工作电压降为 20～30V。

交流弧焊机具有结构简单、噪声小、成本低等优点，但电弧稳定性较差。一般优先选用交流弧焊机，所用焊条限于酸性焊条。

2）直流弧焊机

直流弧焊机有弧焊直流发电机和弧焊整流器两种形式。

弧焊直流发电机是由一台交流电动机带动一台直流发电机，以提供能满足焊接要求的特殊直流电源。它具有引弧容易、电弧稳定、焊接质量好等优点，但结构复杂、噪声大、成本高、维修困难。AXI-500 是一种常用的弧焊发电机，"A"表示弧焊发电机，"X"表示下降外特性，"1"为系列产品序号，"500"表示弧焊机的额定焊接电流为 500A。

弧焊整流器相当于在弧焊变压器上增加整流装置，把交流电变为直流焊接电源。它既具有电弧稳定性好的优点，又比弧焊发电机结构简单、维修方便、效率高，且工作无噪声。ZXG-500 是一种常用的整流焊机，"Z"表示弧焊整流器，"X"表示下降外特性，"G"表示采用硅整流元件，"500"表示弧焊机的额定焊接电流为 500A。因整流焊机具有明显的优势，弧焊直流发电机正不断被弧焊整流器所取代。

直流弧焊机的输出有正极、负极之分，焊接时有正接法和反接法两种连接方法。将焊件接弧焊机正极、焊条接负极的称为正接法（图 4-2）；反之将焊件接负极，焊条接正极的称为反接法（图 4-3）。

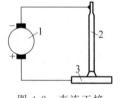

图 4-2　直流正接

1—电弧焊机；2—焊条；3—焊件

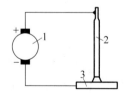

图 4-3　直流反接

1—电弧焊机；2—焊条；3—焊件

通常采用正接法,此时焊件的温度和热量比较高,能获得较大的熔深;反接法在焊接薄钢板、非铁金属时采用,主要是防止焊穿。

直流弧焊机可以使用酸性和碱性两种焊条,但用碱性焊条时,应采用反接,以保证焊接电弧稳定。

3)工具

焊条电弧焊所使用的工具主要有夹持焊条或碳棒用的焊钳、保护眼睛和面部的面罩及用于清理和除渣的钢丝刷和尖头锤等。

2. 电焊条

电弧焊焊条由焊芯和药皮两部分组成,如图4-4所示。

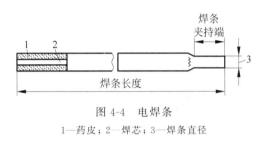

图4-4　电焊条
1—药皮;2—焊芯;3—焊条直径

(1)焊芯　焊芯是焊接专用的金属丝,它具有一定的直径和长度。焊芯的直径称为焊条直径,焊芯的长度即为焊条长度。一般直径为2~6mm,长度为250~450mm。

在焊接过程中,焊芯既作为电极,传导焊接电流,又不断熔化作为焊缝的填充金属。焊芯材料为含碳、硫、磷较低的专用焊焊条丝,常用的碳素结构钢焊芯牌号有H08、H08A、H08MnA等,其中:"H"表示焊接用钢芯,"08"表示含碳量(质量分数)约为0.08%,"A"表示高级优质碳素结构钢。

(2)药皮　药皮是包敷于焊芯表面上的涂料层,由各种矿石粉(大理石、氟石等)、有机物(纤维素、淀粉等)、铁合金粉末(锰铁、硅铁等)等组成。其主要作用是:

① 稳定电弧。药皮中含有钾、钠等易在低电压下电离的元素,使电弧容易引燃并能保持电弧稳定燃烧。

② 机械保护熔池。在电弧的高温作用下,药皮产生大量气体(造气),并形成熔渣(造渣),隔离空气,减少氧、氮、氢对熔池的有害作用。

③ 冶金作用。药皮中含有硅、锰等合金元素,在熔池中起脱氧、去硫、去磷及渗合金等作用,改善焊缝金属质量,提高焊缝力学性能。

(3)焊条型号　根据焊条药皮的成分不同可将焊条分为两大类:酸性焊条和碱性焊条。药皮熔渣中酸性氧化物(SiO_2、TiO_2、Fe_2O_3等)含量较多的称为酸性焊条;药皮熔渣中碱性氧化物(CaO、FeO、MnO、Na_2O、MgO等)含量较多的称为碱性焊条,也称为低氢型焊条。

酸性焊条药皮中的稳弧剂多,电弧燃烧稳定,抗气孔能力强,工艺性能好,可用交直流电源焊接,但酸性药皮含氢物质多,使焊缝的开裂倾向较大,常用于一般钢结构的焊接;碱性焊条药皮脱氧性较好,抗裂性能好,但对水、油、铁锈敏感,易产生气孔,焊缝成型较差,焊前须严格清理焊件表面,一般采用直流反接,常用于重要结构件的焊接。

3. 焊接工艺

（1）焊接接头形式　如图 4-5 所示为常用的四种接头形式，对接接头受力比较均匀，是最常用的一种焊接接头，其他焊接接头形式根据焊件结构形状选用。

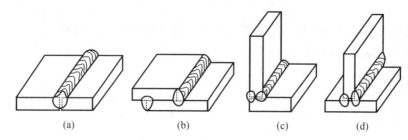

图 4-5　焊接接头形式

(a) 对接；(b) 搭接；(c) 角接；(d) T 形接

（2）对接接头的坡口形式　当焊件较薄时（厚度≤6mm），在焊件接头处只要留有一定间隙就能保证焊缝质量；当焊件厚度大于 6mm 时，为了能焊透和减少母材溶入熔池中的相对数量，根据设计和工艺需要，须在焊件的待焊部位加工成一定几何形状的沟槽，称为坡口。为了防止焊件烧穿，常在坡口根部留 2～3mm 的直边，称为钝边。为保证钝边焊透也需要留一定间隙。常用坡口如图 4-6 所示。

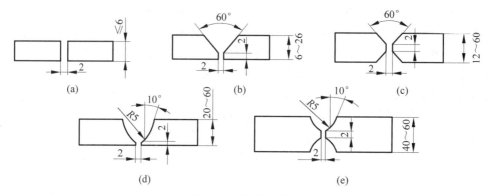

图 4-6　对接接头坡口

(a) 不开坡口；(b) V 形坡口；(c) X 形坡口；(d) U 形坡口；(e) 双 U 形坡口

（3）焊接空间位置　按焊缝在空间的位置不同，一般分为平焊、立焊、横焊和仰焊四种，如图 4-7 所示。

平焊时液体金属不易流散，容易控制焊缝形状和保证焊缝质量，操作方便，劳动强度小，生产效率高，因此是最理想的焊接位置，应尽可能地采用。

其他位置焊接时金属液容易下流，不易控制焊缝的形状。一般采用小直径焊条和小的焊接电流，尽量减小熔池体积，使其尽快凝固。

4. 焊接参数

焊接参数是指为保证焊接质量而选定的物理量（焊接电流、电弧电压、焊接速度等）的总

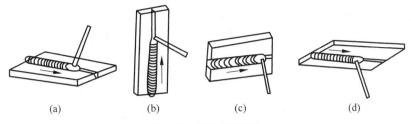

图 4-7　焊接空间位置
(a) 平焊；(b) 立焊；(c) 横焊；(d) 仰焊

称。焊接参数主要包括焊条直径、焊接电流、电弧电压、焊接速度和焊接层次等。

焊条直径大小主要取决于焊件厚度。焊件较厚时，选择直径较粗的焊条；焊件较薄时，选择较细的焊条。平焊时的焊条直径按表 4-1 选择。

表 4-1　平焊时的焊条直径选择

焊件厚度/mm	2	3	4~7	8~12	>12
焊条直径/mm	2	2.5	3.2~4.0	4.0~5.0	5.0~5.8

焊接电流是影响焊接质量的关键因素，一般按以下经验公式选择：

$$I = (30 \sim 60)d$$

式中，I 为焊接电流，A；d 为焊条直径，mm。

上式的计算结果只是一个大概值，在生产中，还应根据焊件厚度、焊接接头形式、焊接位置、焊条种类等因素，通过试焊来调整和确定电流大小。

电弧长度指焊芯端部与熔池之间的距离。电弧电压主要由电弧长度来决定，一般电弧长，电弧电压高；电弧短，则电弧电压低。电弧过长，易飘荡，燃烧不稳定，熔深减小，容易产生咬边、焊不透等焊接缺陷。一般情况下，弧长控制在 1~4mm，相应的电弧电压控制在 16~25V。

焊接速度是指单位时间内完成的焊缝长度。它对焊缝质量影响很大，焊速过快，易产生焊缝的熔深浅、熔宽小及焊不透等缺陷；焊速过慢，则焊件易被烧穿。焊速一般凭经验掌握，在保证不烧穿和焊缝成型良好的情况下，尽量选用较大的焊接电流，相应配合较大的焊接速度。

5. 焊条电弧焊操作技术

1) 引弧

引弧是焊接时引燃电弧的过程，引弧方法分为敲击法和划擦法两种，如图 4-8 所示。敲击法引弧时将焊条末端与焊件表面接触形成短路，然后迅速将焊条向上提起 2~4mm 的距离，使电弧引燃。划擦法引弧是将焊条末端在焊件上划过 20mm 左右的距离，随即提起 2~4mm，引燃电弧，此法较敲击法容易掌握，但需要一定的工作空间。

引弧过程应注意以下几点：

(1) 焊条敲击或划擦后要迅速提起，否则易粘住焊件，产生短路。若发生粘条，可将焊条摇动后拉开，若拉不开则要松开焊钳，切断电路，待焊条冷却后再进行处理。

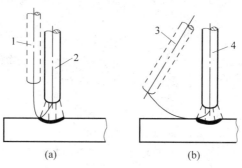

图 4-8　引弧方法

（a）敲击法；（b）划擦法

1、3—引弧前；2、4—引弧后

（2）焊条不能提得过高，否则电弧会熄灭。

（3）如果焊条与焊件多次接触仍不能引燃电弧，应将焊条在焊件上重敲几下，清除端部绝缘物质以利于引弧。

2）运条操作

引弧后，首先必须掌握好焊条与焊件间的角度（见图 4-9）、运条的基本过程（见图 4-10）及焊接速度。

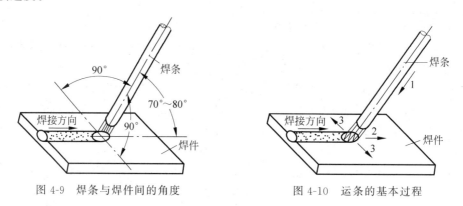

图 4-9　焊条与焊件间的角度　　　　　　图 4-10　运条的基本过程

焊条运动的三个基本动作：

（1）向下送进焊条。送进速度等于焊条的熔化速度（见图 4-10 箭头 1），使弧长保持稳定。

（2）沿焊缝纵向移动焊条。移动速度等于焊接速度（见图 4-10 箭头 2），焊速应根据焊条直径、焊接电流、焊件厚度、接头形式、焊接位置及焊缝尺寸要求等情况掌握。

（3）沿焊缝横向摆动焊条。使焊条以一定的运动轨道周期地向焊缝左右摆动，以获得一定宽度的焊缝（见图 4-10 箭头 3）。横向摆动焊条，不仅能使焊缝宽度达到要求，而且还能控制电弧对焊件的加热程度，以获得符合要求的焊缝成型，同时还有利于熔池中熔渣和气体的上浮。

3）焊缝收尾

焊缝收尾时，为了不出现弧坑，保证焊缝尾部成型良好，不能立即拉断电弧，应采取以下几种常用的收尾方法：

（1）划圈收尾法。使电弧在焊缝收尾处作圆周运动，直到填满弧坑时再拉断电弧。此法适于厚板焊件。

（2）反复断弧法。在焊缝收尾处反复熄灭和点燃电弧数次，直到弧坑填满。此法适于厚板焊件，但不宜用于碱性焊条焊接。

（3）回收收尾法。电弧在焊缝收尾处停住，然后沿焊缝反向慢速移动焊条，填满弧坑后，再稍稍后移，然后慢慢拉断电弧。此法适宜于碱性焊条焊接。

4.2.2 其他常用电弧焊方法

1）埋弧焊

埋弧焊又称焊剂层下电弧焊，焊接时以连续送进的焊丝代替焊条电弧焊的焊条，以颗粒状的焊剂代替焊条的药皮。它是利用焊丝连续送至颗粒状焊剂下产生的电弧，自动进行焊接的一种焊接方法。

2）氩弧焊

氩弧焊是以氩气作为电弧及熔池保护气体的电弧焊。按使用电极不同，氩弧焊分熔化极氩弧焊和非熔化极氩弧焊（又称钨极氩弧焊）。非熔化极氩弧焊适于焊接 $0.5\sim4mm$ 的薄板；熔化极氩弧焊适于焊接 $3\sim25mm$ 的中厚板。

3）CO_2 气体保护焊

CO_2 气体保护焊是利用 CO_2 气体作为保护性气体的一种电弧焊方法，简称 CO_2 焊。焊接时，以连续送进的可熔化焊丝作为电极，以 CO_2 作为熔池的保护气体，以自动或半自动方式焊接。

4.3 其他常用焊接方法

1）电阻焊

电阻焊是利用大电流通过焊件接触处产生的电阻热，将工件局部加热到塑性或熔化状态，然后在压力作用下形成接头的焊接方法。

电阻焊的特点是低电压，大电流，生产率高，焊接质量好，焊件变形小，易于实现机械化和自动化。但电阻焊设备复杂，设备投资大，维护成本高，因此，主要用于成批、大量生产。

2）缝焊

缝焊过程与点焊类似，只是将点焊的柱状电极用盘状滚轮电极代替。焊接时，滚轮连续地旋转，电流间歇地接通，因此在两工件间形成一个个彼此重叠的焊核，从而得到连续的焊缝。缝焊的焊缝具有良好的密封性。

缝焊主要用于焊接 3mm 以下，要求密封性好的容器和管道等，如汽车油箱、水箱、消声器等。

3）对焊

对焊分电阻对焊和闪光对焊两种。电阻对焊是将两工件分别夹紧在两个铜质夹钳中，并加以初压力,使两工件接头部分端面紧密接触,然后通电,因接触处的电阻热使该处及附近金属加热至塑性及半熔化状态,然后断电同时突然增大压力,两工件的接触面便形成牢固的焊接接头。闪光对焊是将工件夹紧后,先通电,再使工件缓慢接触,因端面个别点的接触而产生火花使该处及附近金属加热至塑性及半熔化状态,然后断电并快速送进工件,使熔化的金属挤出结合面,两工件的接触面在压力下形成牢固的接头。

对焊可用于焊接圆钢、方钢、带钢、管材等各种型材。

4）钎焊

钎焊是采用比母材熔点低的钎料作填充金属,将钎料与焊件一起加热到高于钎料熔点而低于母材熔点的温度,利用液态钎料润湿母材,填充被焊处的间隙并与母材相互扩散实现母材间连接的焊接方法。

4.4　焊接新工艺简介

随着新材料及制造技术的发展,为了满足新的材料及结构的连接成型,一些特殊的焊接工艺方法应运而生。

1）真空电子束焊

电子束焊是在真空环境中,从炽热阴极发射的电子被高压静电场加速,并经磁场聚焦成高能量密度的电子束,以极高的速度轰击焊件表面,产生热能使焊件瞬间熔化形成牢固接头的工艺方法。

该方法的特点是焊接速度快,焊缝窄而深,热影响区小,焊缝质量极高,能焊接其他工艺难以焊接的形状复杂的焊件及特种金属和难熔金属材料,也适用于异种金属以及金属与非金属的焊接。

2）等离子弧焊

等离子弧焊接是利用压缩电弧作为热源的金属极气体保护焊,经强迫压缩后电弧弧柱中的气体充分电离,形成高能量密度的等离子弧,其温度高达16 000K以上。

等离子弧不仅温度高、能量集中,而且电弧导电性好,除能焊接常用的金属材料外,还可以焊接钨、钼、钛、镍等金属及其合金材料。

3）激光焊

激光焊是利用激光单色性和方向性好的特点,聚焦后投射在被焊金属材料上,在极短时间内产生大量热量,使焊件快速熔化而形成牢固接头的焊接方法。

该方法的主要特点是:焊接装置与被焊工件不接触,可焊接难以接近的部位,能量密度高,适合于高速加工,可对绝缘体直接焊接,实现异种材料焊接。该方法应用于合金钢、铝、铜、钼、镍、铌及难熔金属与非金属材料的焊接。

4）超声波焊

超声波焊是利用高频振动产生的热量以及工件之间的压力进行焊接的工艺方法。

该方法的特点为:能够实现同种金属、异种金属、金属与非金属间的焊接;适用于金属箔片,细丝以及微型器件的焊接;可以用来焊接厚薄悬殊的工件及多层箔片。

5）摩擦焊

摩擦焊是利用焊件表面相互摩擦所产生的热,使端面达到热塑性状态,然后迅速加压,完成焊接的加工方法。

该方法具有焊接质量好、稳定,适于异种金属焊接,焊件尺寸精度高,焊接生产率高,加工费用低和易实现机械化和自动化等特点。但主要用于回转表面的焊接,对非圆面焊接很困难。可用于石油钻杆、锅炉蛇形管等的焊接。

6）扩散焊

扩散焊是在真空或保护气氛的保护下,使平整光洁的焊接表面在温度和压力的共同作用下,发生微观塑性流变后,使待焊表面相互紧密接触,经较长时间的原子相互大量扩散而实现焊接的工艺方法。

该方法适用于同种或异种金属,金属与陶瓷材料间的焊接,如石油用牙轮钻头、大功率激光喷嘴等。

4.5 常见焊接缺陷及检验方法

4.5.1 常见焊接缺陷

常见焊接缺陷有药边、未焊透、裂纹、气孔、夹渣及焊缝尺寸不合要求等,其产生的主要原因见表4-2。

表4-2 常见的焊接缺陷及其分析

缺陷名称	图 例	特 征	产生原因
焊缝外形尺寸不合要求		焊缝太高或太低;焊缝宽窄不均匀;角焊缝单边下陷量过大	焊接电流过大或过小;焊接速度操作不当;焊件坡口设计不当或装配间隙不均匀
咬边		焊缝与焊件交界处凹陷	电流太大,运条不当;焊条角度和电弧长度不当
未焊透		焊缝金属与焊件之间,或焊缝金属之间的局部未熔合	焊接电流太小,焊接速度太快;焊件坡口或装配不当,如坡口太小、钝边太厚、间隙太小等;操作焊条角度不对
裂纹		焊缝、热影响区内部或表面的宏观及显微缝隙	焊接材料化学成分不当;熔化金属冷却太快;焊接结构设计不合理;焊接顺序不当

续表

缺陷名称	图例	特征	产生原因
气孔		焊缝内部（或表面）的孔洞	熔化金属凝固太快；材料表面不干净；电弧太长或太短；焊接材料化学成分不当
夹渣		焊缝内部和熔线内存在的非金属夹杂物	焊件边缘及焊层之间清理不干净，焊接电流太小；熔化金属凝固太快，运条不当；焊接材料化学成分不当
变形		焊件产生收缩、弯曲、扭曲、角度变化等	加热不均匀；结构设计不合理；焊接顺序不当

4.5.2　焊接缺陷的检验方法

为了保证焊件质量，焊好的工件需进行焊缝质量检验，常用的检验方法有外观检查、致密性检验、无损探伤和耐压试验等。

（1）外观检查　外观检查是用肉眼或放大镜等对工件焊缝表面缺陷、尺寸偏差及焊件变形进行检查。

（2）致密性检验　致密性检验主要用于检查低压或不受压容器的焊缝是否存在穿透性的缺陷。常用方法有煤油试验、气密性检查等。

（3）无损检验　无损检验是采用检测仪器检验焊缝内部或浅表层的缺陷，主要有磁粉探伤、射线探伤、超声波探伤等。其中，磁粉探伤是利用处于焊接接头处的磁粉在磁场中的分布特征，检查铁磁性材料焊缝表面及附近表面微观的裂纹；射线探伤是采用 X 射线或 γ 射线对焊缝内部未焊透、裂缝、气孔与夹渣等缺陷进行的检验；超声波探伤可以检验任何材料、任何部位的缺陷，能够方便地发现缺陷的位置，但对缺陷的性质、大小、形状难以判断，因此，常将超声波探伤与射线探伤配合使用。

（4）耐压试验　耐压试验主要用于检测锅炉、压力容器、压力管道等焊件焊缝的承压能力。常用方法有水压试验和气压试验。

4.6　激光切割与等离子切割

等离子弧切割是利用高温等离子电弧的热量使工件切口处的金属局部熔化（和蒸发），并借高速等离子的动量排除熔融金属以形成切口的一种加工方法，如图 4-11 所示。

激光切割是将能量密度极高的激光束射到金属材料表面,沿激光束轨迹的金属材料立即被加热到沸点以上,急剧汽化,形成割口(或在激光将工件迅速加热到燃点以上时,喷射氧气,使金属在氧气中剧烈燃烧形成割口),从而实现金属切割,如图4-12所示。

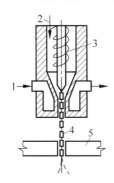

图 4-11　等离子弧切割原理示意图

1—冷却水;2—等离子气;3—电极;4—等离子弧;5—割件

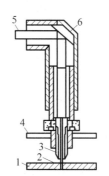

图 4-12　激光切割原理示意图

1—割件;2—割缝;3—割嘴;4—氧气管;5—激光束;6—反射镜

等离子切割配合不同的工作气体可以切割各种氧气切割难以切割的金属,尤其是对于有色金属(不锈钢、铝、铜、钛、镍)切割效果更佳;其主要优点在于切割厚度不大的金属时,等离子切割速度快,尤其在切割普通碳素钢薄板时,速度可达氧气切割法的5~6倍、切割面光洁、热变形小、较少的热影响区。

等离子切割机广泛运用于汽车、机车、压力容器、化工机械、核工业、通用机械、工程机械、钢结构、船舶等各行各业。

等离子切割发展到当前,可采用的工作气体(工作气体是等离子弧的导电介质,又是携热体,同时还要排除切口中的熔融金属)对等离子弧的切割特性以及切割质量、速度都有明显的影响。常用的等离子弧工作气体有氩、氢、氮、氧、空气、水蒸气以及某些混合气体。

激光切割优点:激光切割加工是用不可见的光束代替了传统的机械刀,具有精度高,切割快速,不局限于切割图案限制,自动排版,节省材料,切口平滑,加工成本低等特点,将逐渐改进或取代传统的金属切割工艺设备。激光刀头的机械部分与工件无接触,在工作中不会对工件表面造成划伤;激光切割速度快,切口光滑平整,一般无需后续加工;切割热影响区小,板材变形小,切缝窄(0.1~0.3mm);切口没有机械应力,无剪切毛刺;加工精度高,重复性好,不损伤材料表面;数控编程,可加工任意的平面图,可以对幅面很大的整板进行切割,无需开模具,经济省时。

激光特点:激光是一种光,与其他自然光一样,是由原子(分子或离子等)跃迁产生的。但它与普通光的不同是激光仅在最初极短的时间内依赖于自发辐射,此后的过程完全由激光辐射决定,因此激光具有非常纯正的颜色,几乎无发散的方向性、极高的发光强度和高相干性。

激光切割原理:激光切割是应用激光聚焦后产生的高功率密度能量来实现的。在计算机的控制下,通过脉冲使激光器放电,从而输出受控的重复高频率的脉冲激光,形成一定频率、一定脉宽的光束,该脉冲激光束经过光路传导及反射并通过聚焦透镜组聚焦在加工物体的表面上,形成一个个细微的、高能量密度光斑,光斑焦点位于待加工面附近,以瞬间高温熔化或汽化被加工材料。每一个高能量的激光脉冲瞬间就把物体表面溅射出一个细小的孔，在计算机控制下，激光加工头与被加工材料按预先绘好的图形进行连续相对运动打点，这样就会把物体加工成想要的形状。

切缝时的工艺参数(切割速度、激光器功率、气体压力等)及运动轨迹均由数控系统控制，割缝处的熔渣被一定压力的辅助气体吹除。

4.7　常见焊接种类

1. 焊条电弧焊

原理：用手工操作焊条进行焊接的电弧焊方法。利用焊条与焊件之间建立起来的稳定燃烧的电弧，使焊条和焊件熔化，从而获得牢固的焊接接头。属气-渣联合保护。

主要特点：操作灵活；待焊接头装配要求低；可焊金属材料广；焊接生产率低；焊缝质量依赖性强(依赖于焊工的操作技能及现场发挥)。

应用：广泛用于造船、锅炉及压力容器、机械制造、建筑结构、化工设备等制造维修行业中。适用于(上述行业中)各种金属材料、各种厚度、各种结构形状的焊接。

2. 埋弧焊(自动焊)

原理：电弧在焊剂层下燃烧。利用焊丝和焊件之间燃烧的电弧产生的热量，熔化焊丝、焊剂和母材(焊件)而形成焊缝。属渣保护。

主要特点：焊接生产率高；焊缝质量好；焊接成本低；劳动条件好；难以在空间位置施焊；对焊件装配质量要求高；不适合焊接薄板(焊接电流小于 100A 时，电弧稳定性不好)和短焊缝。

应用：广泛用于造船、锅炉、桥梁、起重机械及冶金机械制造业中。凡是焊缝可以保持在水平位置或倾斜角不大的焊件，均可用埋弧焊。板厚需大于 5mm(防烧穿)。焊接碳素结构钢、低合金结构钢、不锈钢、耐热钢、复合钢材等。

3. 二氧化碳气体保护焊(自动或半自动焊)

原理：利用二氧化碳作为保护气体的熔化极电弧焊方法。属气保护。

主要特点：焊接生产率高；焊接成本低；焊接变形小(电弧加热集中)；焊接质量高；操作简单；飞溅率大；很难用交流电源焊接；抗风能力差；不能焊接易氧化的有色金属。

应用：主要焊接低碳钢及低合金钢。适于各种厚度。广泛用于汽车制造、机车和车辆制造、化工机械、农业机械、矿山机械等部门。

4. MIG/MAG 焊(熔化极惰性气体/活性气体保护焊)

MIG 焊原理：采用惰性气体作为保护气，使用焊丝作为熔化电极的一种电弧焊方法。

保护气通常是氩气或氦气或它们的混合气。MIG 用惰性气体，MAG 在惰性气体中加入少量活性气体，如氧气、二氧化碳气等。

主要特点:焊接质量好;焊接生产率高;无脱氧去氢反应(易形成焊接缺陷,对焊接材料表面清理要求特别严格);抗风能力差;焊接设备复杂。

应用:几乎能焊所有的金属材料,主要用于有色金属及其合金、不锈钢及某些合金钢(太贵)的焊接。最薄厚度约为1mm,大厚度基本不受限制。

5. TIG 焊(钨极惰性气体保护焊)

原理:在惰性气体保护下,利用钨极与焊件间产生的电弧热熔化母材和填充焊丝(也可不加填充焊丝),形成焊缝的焊接方法。焊接过程中电极不熔化。

主要特点:适应能力强(电弧稳定,不会产生飞溅);焊接生产率低(钨极承载电流能力较差(防钨极熔化和蒸发,防焊缝夹钨));生产成本较高。

应用:几乎可焊所有金属材料,常用于不锈钢,高温合金,铝、镁、钛及其合金,难熔活泼金属(锆、钽、钼、铌等)和异种金属的焊接。焊接厚度一般在6mm以下的焊件,或厚件的打底焊。利用小角度坡口(窄坡口技术)可以实现90mm以上厚度的窄间隙TIG自动焊。

6. 等离子弧焊

原理:借助水冷喷嘴对电弧的拘束作用,获得高能量密度的等离子弧进行焊接的方法。

主要特点(与氩弧焊比):①能量集中、温度高,对大多数金属在一定厚度范围内都能获得小孔效应,可以得到充分熔透、反面成型均匀的焊缝。②电弧挺度好,等离子弧基本是圆柱形,弧长变化对焊件上的加热面积和电流密度影响比较小。所以,等离子弧焊的弧长变化对焊缝成型的影响不明显。③焊接速度比氩弧焊快。④能够焊接更细、更薄的加工件。⑤设备复杂,费用较高。

应用:

(1) 穿透型(小孔型)等离子弧焊:利用等离子弧直径小、温度高、能量密度大、穿透力强的特点,在适当的工艺参数条件下(较大的焊接电流100~500A),将焊件完全熔透,并在等离子流力作用下,形成一个穿透焊件的小孔,并从焊件的背面喷出部分等离子弧的等离子弧焊接方法。可单面焊双面成型,最适于焊接3~8mm不锈钢,12mm以下钛合金,2~6mm低碳钢或低合金结构钢以及铜、黄铜、镍及镍合金的对接焊。(板太厚,受等离子弧能量密度的限制,形成小孔困难;板太薄,小孔不能被液态金属完全封闭,固不能实现小孔焊接法。)

(2) 熔透型(溶入型)等离子弧焊:采用较小的焊接电流(30~100A)和较低的等离子气体流量,采用混合型等离子弧焊接的方法。不形成小孔效应,主要用于薄板(0.5~2.5mm以下)的焊接、多层焊封底焊道以后各层的焊接及角焊缝的焊接。

(3) 微束等离子弧:焊接电流在30A以下的等离子弧焊。喷嘴直径很小($\phi0.5$~$\phi1.5$mm),得到针状细小的等离子弧。主要用于焊接1mm以下的超薄、超小、精密的焊件。

工程材料与热处理

5.1 金属材料的性能

金属材料不仅具备机械零件在使用过程中所需的性能,如力学性能、物理性能、化学性能等,而且具有加工制造过程中所应有的工艺性能,如铸造性能、锻造性能、焊接性能、切削加工性能等。

5.1.1 金属材料的力学性能

金属材料的力学性能是指金属材料在外力作用下所表现出来的特性,包括强度、塑性、硬度、韧性等。

1. 强度

金属材料在外力作用下抵抗永久变形和断裂的能力,称为强度。按照外力作用的方式不同,强度可分为抗拉强度、抗压强度、抗弯强度和抗剪强度等。工程上常用来表示金属强度的指标有屈服点和抗拉强度。

为了测定金属材料的屈服点和抗拉强度,可进行拉伸实验。首先,将标准拉伸试样安装在拉伸试验机的两个夹头上,然后缓慢增加拉力,试样逐渐发生拉伸变形,直至试样被拉断为止(图 5-1)。

以试样所受拉力 F 为纵坐标,试样伸长 ΔL 为横坐标,根据试验中两者的变化数据,可以绘出拉伸曲线图。通常,拉伸曲线图由拉伸试验机自动绘出。图 5-2 为低碳钢的拉伸曲线。

从图 5-2 中可以看出,当外力小于 F_e 时,试样的变形属于弹性变形,即外力去除后,试样将恢复到原始长度;外力超过 F_e 后,试样除发生弹性变形外,还发生部分塑性变形,这时,外力去除后试样不能恢复到原始长度。当外力增大到 F_s 时,在 S 点的曲线几乎呈水平线段,这说明拉力虽不增加,伸长量却继续增加,这种现象称为"屈服"。它表明材料开始发生明显的塑性变形。材料产生屈服现象时的应力,又称为屈服点。

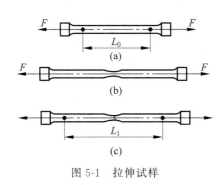

图 5-1　拉伸试样

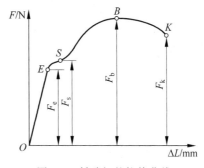

图 5-2　低碳钢的拉伸曲线

可通过下式计算：

$$\delta_s = \frac{F_s}{S_0}$$

式中，F_s 为试样产生屈服现象时的拉力，N；S_0 为试样原始横截面积，m^2；δ_s 为屈服点，Pa。

当外力超过 F_s 后，随外力增大，塑性变形明显增大。当外力增加到 F_b 时，试样局部开始变细，出现"缩颈"(图 5-1(b))，由于截面缩小，使试样继续变形所需的外力下降。到 F_k 时，试样在缩颈处断裂。试样在拉断前所能承受的最大标称拉应力，称为抗拉强度。可用下式表示：

$$\delta_b = \frac{F_b}{S_0}$$

式中，F_b 为试样在拉断前的最大拉力，N；S 为试样原始横截面积，m^2；δ_b 为抗拉强度，Pa。

2. 塑性

金属材料在外力作用下产生不可逆永久变形的能力称为塑性。常用的塑性指标有伸长率 δ 和断面收缩率 Ψ。

$$\delta = \frac{L_1 - L_0}{L_0} \times 100\%$$

$$\Psi = \frac{S_1 - S_0}{L_0} \times 100\%$$

式中，L_0 为试样原始标距长度，mm；L_1 为试样拉断后标距长度，mm；S_0 为试样原始横截面积，m^2；S_1 为试样拉断处的横截面积，m^2。

伸长率 δ 的大小与试样尺寸有关。为了方便比较，必须采用标准试样尺寸。通常规定试样标距长度等于其直径的 5 倍或 10 倍，测得的伸长率分别用 δ_5 或 δ_{10} 表示。

良好的塑性是材料能进行各种压力加工(如冲压、挤压、冷拔、热轧、锻造等)的必要条件。此外，使用零件时，为了避免由于超载引起的突然断裂，也需具有一定的塑性。

3. 硬度

硬度是指材料抵抗比它更硬的物体压入其表面的能力，即受压时抵抗局部塑性变形的能力。硬度是衡量金属软硬的判据。机械制造业所用的刀具、量具等必须具备足够的硬度，才能保证使用性能的要求。一些重要的机械零件如轴承、齿轮等也必须具备一定的硬度才能正常使用。

硬度试验操作简单、迅速，不一定要用专门的试样，且不破坏零件，根据测得的硬度值还能估计金属材料的近似强度值，因而被广泛使用。硬度还影响到材料的耐磨性，一般情况下，金属的硬度越高，耐磨性也越高。目前生产中采用的硬度试验方法主要有布氏硬度、洛氏硬度和维氏硬度等。

5.1.2 布氏硬度

1. 布氏硬度试验的基本原理

图 5-3(a)所示为布氏硬度测试原理的示意图，用直径为 D 的钢球或硬质合金球作压头，在压力 P 作用下压入试样表面，经规定的保持时间后，卸除压力，测量压痕直径 d。根据压力压痕的平均直径(见图 5-3(b))，用下式可求出布氏硬度值：

$$HBS = \frac{2P}{\pi D(D - \sqrt{D^2 - d^2})} \times 0.102$$

式中，P 为压力，N；D 为球体直径，mm；d 为压痕平均直径，mm。

从上式可以看出，当压力 P 和球体直径一定时，压痕直径 d 越小，则布氏硬度值越大，也就是硬度越高。布氏硬度的单位为 MPa，但习惯上不予标出。在实际应用中，布氏硬度值一般不用计算方法求得，而是先测出压痕直径 d，然后从专门的硬度表中查得相应的布氏硬度值。

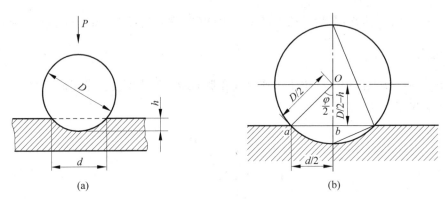

图 5-3 布氏硬度测试原理
(a) 原理图；(b) h 和 d 的关系

压头为钢球时用 HBS，适用于布氏硬度值在 450 以下的材料；压头为硬质合金球时用 HBW，适用于布氏硬度值在 650 以下的材料。表示布氏硬度值时，在符号 HBS 或 HBW 前的数字为硬度值，符号后按一定顺序用数字表示试验条件(球体直径、压力大小和保持时间等)。如 160HBS10/1000130 表示用直径 10mm 的钢球在 1000kgf[①] 的压力作用下保持 30s 测得的布氏硬度为 160。当保持时间为 10～15s 时，不标注。

① 1kgf=9.8N。

2. 布氏硬度试验机的结构和操作

布氏硬度试验主要用于组织不均匀的锻钢和铸铁的硬度测试。锻钢和灰铸铁的布氏硬度与拉伸试验有着较好的对应关系。

HB-3000 型布氏硬度试验机的外形结构如图 5-4 所示。其主要部件及作用说明如下：

（1）机体与工作台　铸铁机体，在机体前台面上安装了丝杠座，其中装有丝杠 5，丝杠上装有立柱 4 和工作台 3，可上下移动。

（2）杠杆机构　杠杆系统通过电动机将载荷自动加在试样上。

（3）压轴部分　用以保证工作时试样与压头中心对准。

（4）减速器部分　带动曲柄及曲柄连杆，在电机转动及反转时，将载荷加到压轴上或从压轴上卸除。

（5）换向开关系统　用于控制电机回转方向，使加、卸载荷自动进行。

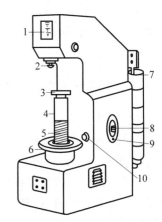

图 5-4　HB-3000 型布氏硬度试验机
1—指示灯；2—压头；3—工作台；
4—立柱；5—丝杠；6—手轮；7—载荷
砝码；8—压紧螺钉；9—时间定位器；
10—加载按钮

5.1.3　洛氏硬度

1. 洛氏硬度试验的基本原理

洛氏硬度试验与布氏硬度试验不同，它采用测量压痕深度的方法来确定材料的硬度值。

洛氏硬度的测量原理如图 5-5 所示。在初始试验力 F_0 和总试验力 F_0+F_1 的先后作用下，将顶角为 120° 的金刚石圆锥体或直径为 1.588mm 的淬火钢压入试样表面，经规定保持时间后，用测得的残余压痕深度增量来计算洛氏硬度值。

图 5-5 中，0—0 为压头未与试样接触时的位置；1—1 为压头受到初始试验力 F_0 后压入试样的位置；2—2 为压头受到总试验力 F_0+F_1 后压入试样的位置。

经规定的保持时间后，卸除主试验力 F_1 仍保持初始试验力 F_0，由于试样弹性变形的恢复使压头上升到 3—3 的位置。此时压头受主试验力作用压入深度为 h，即 1—1 至 3—3 的位置。h 值越小，则金属硬度越高。为了与习惯上数值越大硬度越高的概念相一致，采用常数 K 减去 h_3-h_1 的差值来表示硬度值。

为简便起见，又规定每 0.002mm 压入深度作为一个硬度单位（即刻度盘上一小格）。洛氏硬度值的计算公式为

$$HR = \frac{K-(h_3-h_1)}{0.002}$$

式中，h_1 为预加载荷压入试样的深度，mm；h_3 为卸

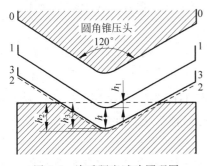

图 5-5　洛氏硬度试验原理图

除主载荷后压入试样的深度,mm;K 为常数,采用金刚石圆锥压头时 $K=0.2$(用于 HRA、HRC),采用淬火钢球压头时 $K=0.26$(用于 HRB)。

因此上式可改写为

$$HRC(或 HRA)=100-\frac{h_3-h_1}{0.002}, \quad HRB=130-\frac{h_3-h_1}{0.002}$$

由此可见,洛氏硬度值是一个无量纲的材料性能指标,硬度值在试验时直接从硬度计的表盘上读出。

2. 洛氏硬度试验机的结构和操作

H-100 型杠杆式洛氏硬度试验机的结构如图 5-6 所示,其主要部分及作用如下:

(1) 机体及工作台　铸铁机体,在机体前面安装有不同形状的工作台 5。通过手轮 7 的转动,借助螺杆 6 的上下移动从而使工作台上升或下降。

(2) 加载机构　由加载杠杆 10(横杆)及挂重架 11(纵杆)等组成,通过杠杆系统将载荷传至压头 3 而压入试样 4,借扇形齿轮 18 的转动可完成加载和卸载任务。

(3) 千分表指示盘　通过刻度盘指示各种不同的硬度值(见图 5-7)。

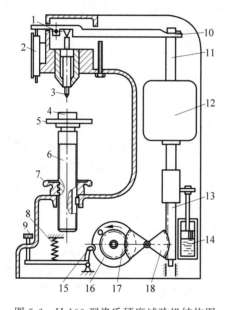

图 5-6　H-100 型洛氏硬度试验机结构图

图 5-7　千分表指示盘

1—支点;2—指示器;3—压头;4—试样;5—工作台;6—螺杆;7—手轮;8—弹簧;9—按钮;10—横杆;11—纵杆;12—重锤;13—齿轮;14—油压缓冲器;15—插销;16—转盘;17—小齿轮;18—扇形齿轮

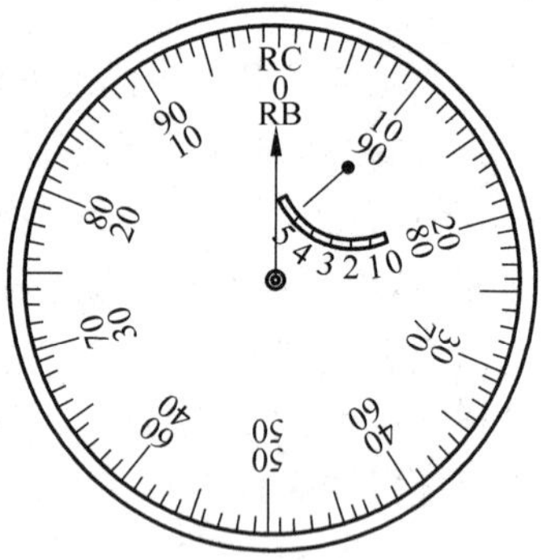

国家标准 GB/T 230.1—2004 规定,洛氏硬度用符号 HR 表示,根据压头和试验力的不同,共有 9 种标尺,常用的有 HRA、HRB、HRC 三种。这三种洛氏硬度的压头、负荷及使用范围列于表 5-1。

洛氏硬度试验方法简单直观,操作方便,测试硬度范围大,可以测量从很软到很硬的金属材料,且测量时几乎不损坏零件,因而成为目前生产中应用最广的试验方法。但由于压痕较小,当材料内部组织不均匀时,会使测量值不够准确,因此在实际操作时一般至少选取 3 个不同部位进行测量,取其算术平均值作为被测材料的硬度值。

表 5-1 常见洛氏硬度的实验规格及使用范围

标尺所用符号/压头	总负荷/kgf	表盘上刻度颜色	测量范围	相当维氏硬度值	应用范围
HRA 金刚石圆锥	60	黑色	70～85	390～900	碳化物、硬质合金、淬火工具钢、浅层表面硬化层
HRB1/16"钢球"	100	红色	25～100	60～240	软钢(退火态、低碳钢正火态)、铝合金
HRC 金刚石圆锥	150	黑色	20～67	249～900	淬火钢、调质钢、深层表面硬化层

注:(1) 金刚石圆锥的顶角为 120°+30′,顶角圆弧半径为(0.21±0.01)mm;

(2) 初负荷均为 10kgf。

5.1.4 维氏硬度

维氏硬度也是一种压入式硬度试验,其试验原理如图 5-8 所示。将一个相对面夹角为 136°的正四棱锥体金刚石压头,以选定的试验力压入试样表面,经规定的保持时间后,卸除试验力,测量压痕对角线长度。维氏硬度值为单位压痕表面积所承受试验力的大小,用符号 HV 表示,单位为 kgf/mm²,通常引入常数转换成国际单位 N/mm²。

计算公式如下:

$$HV = 0.1891 \frac{P}{d^2}$$

式中,P 为试验力,N;d 为压痕两对角线长度算术平均值,mm。

在实际应用中,维氏硬度与布氏硬度一样,不用通过计算,而是根据压痕对角线长度直接查表求得。

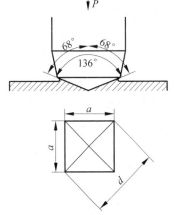

图 5-8 维氏硬度的测试原理

由于试验力小,压入深度浅,故维氏硬度试验适用于测定金属镀层、薄片金属、表面硬化层以及化学热处理后的表面硬度。试验力选择应根据材料硬度及硬化层或试样厚度来定。当试验力小于 1.961N 时,压痕非常好,可用于测量金相组织中不同相的硬度,此时测得的硬度值称为显微硬度,用符号 HM 表示。

维氏硬度试验可测量从很软到很硬的各种金属材料,且连续性好,准确度高,但试验时对零件表面质量要求较高,方法较繁琐,效率较低。

5.1.5 冲击韧度

冲击韧度是指金属材料抵抗冲击载荷作用的能力。冲击韧度的测定在冲击试验机上进行。试验时。把冲击试样放在摆锤冲击试验机(图 5-9)支座上,然后抬起摆锤,让它从一定高度 H_1 落下,将试样打断,摆锤又升到 H_2 的高度。冲击韧度用下式计算:

$$\partial_k = \frac{A_k}{S}$$

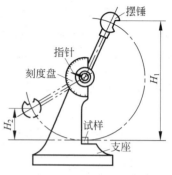

图 5-9 摆锤冲击试验机示意图

式中,A_k 为打断试样所消耗的冲击功,J;S 为冲击试样断口处的横截面积,cm^2;∂_k 为冲击韧度,J/cm^2。

5.2 金属材料的工艺性能

工艺性能是指制造工艺过程中材料适应加工工艺要求的能力。金属材料在铸造、锻压、焊接、机械加工等加工前后过程中,一般还要进行不同类型的热处理。工艺性能直接影响零件加工的质量,是选材和制定零件加工工艺时应当考虑的因素之一。

5.2.1 铸造性能

金属材料铸造成型获得优良铸件的能力称为铸造性能,用流动性、收缩性等衡量。

熔融金属的流动能力称为流动性。流动性好的金属容易充满铸型,从而获得外形完整、尺寸精确、轮廓清晰的铸件。

铸件在凝固和冷却过程中,其体积和尺寸减小的现象称为收缩性。铸件收缩不仅影响尺寸,还会使铸件产生缩孔、缩松、内应力、变形和裂纹等缺陷,故铸造用金属材料的收缩率越小越好。表 5-2 为几种金属材料铸造性能的比较。

表 5-2 几种金属材料铸造性能的比较

材料	流动性	收缩性		其 他
		体收缩	线收缩	
灰铸铁	好	小	小	铸造内应力小
球墨铸铁	较好	大	小	易形成缩孔
铸钢	差	大	大	导热性差,易发生冷裂
铸造黄铜	较好	小	较小	易形成集中缩孔
铸造铝合金	好	小	小	易吸气,易氧化

5.2.2　锻造性能

金属材料对锻压加工成型的适应能力称为锻造性能。锻造性能主要取决于金属材料的塑性和变形抗力。变形抗力指金属对于产生塑性变形的外力的抵抗能力,通常用流变应力来表示。

塑性越好,变形抗力越小,金属的锻造性能越好。铜合金和铝合金在室温状态下就有良好的锻造性能。碳钢在加热状态下锻造性能较好,其中低碳钢最好,中碳钢次之,高碳钢较差。低合金钢的锻造性能接近于中碳钢,高合金钢的锻造性能较差。铸铁锻造性能差,不能锻造。

5.2.3　焊接性能

金属材料对焊接加工的适应性称为焊接性,也就是在一定的焊接工艺条件下,获得优质焊接接头的难易程度。

在机械工业中,焊接的主要对象是钢材。碳质量分数是影响焊接性好坏的主要因素,碳质量分数和合金元素质量分数总和越高,焊接性能越差。铜合金和铝合金的焊接性能都较差,灰铸铁的焊接性很差。

5.2.4　切削加工性能

切削加工性能一般用切削后的表面质量(以表面粗糙度高低衡量)和刀具寿命来表示;影响切削加工的因素很多,主要有材料的化学成分、组织、硬度、韧性、导热性和形变硬化等。

金属材料具有适当的硬度(170～230HBS)和足够的脆性时切削加工性能良好。改变钢的化学成分(如加入少量铅、磷等元素)和进行适当的热处理(如低碳钢进行退火,高碳钢进行球化退火)可提高钢的切削加工性能。表 5-3 是几种金属材料切削加工性能的比较。

表 5-3　几种金属材料切削加工性能的比较

金属材料	切削加工性能	金属材料	切削加工性能
铝、镁合金	很容易	85 钢(轧材)、2Cr13 钢(调质)	一般
30 钢正火	易	Cr18Ni9T1、W18Cr4V 钢	难
45 钢、灰口铸铁	一般	耐热合金、钴合金	难

5.2.5　热处理工艺性能

钢的热处理工艺性能主要考虑其淬透性,即钢接受淬火的能力,含 Mn、Cr、Ni 等合金元素的合金钢淬透性比较好,碳钢的淬透性较差。

5.3　常用钢铁的分类和编号

5.3.1　钢的分类

钢材的分类方法很多,常用的是以下三种。

1. 按化学成分分类

根据钢材的化学成分可分为碳素钢和合金钢两大类。

(1)碳素钢　碳素钢是指碳质量分数小于2.11%的铁碳合金。实际使用的碳素钢中除含有铁和碳两种主要元素以外,还存在有锰、硅、硫、磷等杂质元素。其中,锰和硅是炼钢时为脱氧而加入的有益元素,硫和磷是从炼钢原料中带入的有害杂质。

碳素钢按碳质量分数可分为:低碳钢(碳质量分数小于0.25%)、中碳钢(碳质量分数为0.25%～0.60%)、高碳钢(碳质量分数大于0.60%)。

(2)合金钢　为了提高钢的某些性能或获得某种特殊性能,炼钢时特意加入一定量的某一种或几种合金元素,这样得到的钢称为合金钢。根据合金元素质量分数总和多少,合金钢可分为低合金钢(合金元素质量分数总和小于5%)、中合金钢(合金元素质量分数总和为5%～10%)、高合金钢(合金元素质量分数总和大于10%)。

2. 按用途分类

按钢材的用途分为三类。

(1)结构钢　结构钢用于制造各种机器零件及工程结构。制造机器零件的钢可分为渗碳钢、调质钢、弹簧钢、滚动轴承钢等。制造工程结构的钢包括碳素结构钢和低合金结构钢等。

(2)工具钢　工具钢用于制造各种工具。根据工具的用途又可分为刃具钢、模具钢和量具钢。

(3)特殊性能钢　特殊性能钢是具有特殊物理性能或化学性能的钢,包括不锈钢、耐热钢、耐磨钢、磁钢等。

3. 按品质分类

钢材品质的优劣是按钢中硫、磷质量分数多少来区分的,可分为优质钢、高级优质钢和特级优质钢等。

5.3.2　钢的编号

我国的钢材编号采用国际化学元素符号、汉语拼音字母和阿拉伯数字结合的方法表示。下面介绍几种常用钢材的编号。

1. 碳素结构钢

这类钢的牌号由代表屈服点的字母"Q"、屈服点数值、质量等级符号、脱氧方法符号四个部分按顺序组成。钢的质量等级分为四级,用字母 A、B、C、D 表示,其中 A 级钢的硫质量分数不大于 0.050%,磷质量分数不大于 0.045%;B 级钢的硫、磷质量分数均不大于 0.045%;C 级钢的硫、磷质量分数均不大于 0.040%;D 级钢的硫、磷质量分数均不大于 0.035%。沸腾钢在钢的牌号尾部加"F",半镇静钢在钢的牌号尾部加"b",镇静钢不加字母。

2. 优质碳素结构钢

钢的牌号用两位阿拉伯数字表示。这两位数字表示平均碳质量分数(以万分之几计),若平均碳质量分数小于千分之一,则数字前补零。钢中锰质量分数较高(0.70%~1.00%)时,在数字后加锰元素符号"Mn"。沸腾钢、半镇静钢以及专门用途的优质碳素结构钢,应在牌号中特别标出。

3. 碳素工具钢

在牌号头部用"T"表示碳素工具钢,其后跟以阿拉伯数字,表示平均碳质量分数(以千分之几计)。钢中锰质量分数较高时,在数字后加元素符号"Mn",若为高级优质碳素工具钢,则在牌号尾部加"A"。

4. 普通低合金结构钢

这类钢又称为低合金高强度结构钢(简称低合金高强钢),其牌号由代表屈服点的字母、屈服点数值和质量等级符号三部分组成。钢的质量等级用字母 A、B、C、D、E 表示。

5. 合金结构钢

这类钢的牌号采用"两位数字+化学元素符号+数字"的方法表示。牌号头部的两位数字表示平均碳质量分数(以万分之几计),元素符号表示钢中所含的合金元素,紧跟元素符号后面的数字表示该合金元素平均质量分数(以百分之几计)。若合金元素的平均质量分数小于 1.50%,则含量一般不予标出;若合金元素的平均质量分数为 1.50%~2.49%、2.50%~3.49%、3.50%~4.49%、…,则相应地标以 2、3、4、…。若为高级优质合金结构钢,则在牌号尾部加"A"。

6. 合金工具钢

这类钢的牌号采用"数字(或无数字)+化学元素符号+数字"的方法表示。牌号头部的数字表示钢中平均碳质量分数(以千分之几计),当碳质量分数≥1.00%时不标出。化学元素符号及随后的数字的含义和合金结构钢相同。

7. 特殊性能钢

这类钢的编号方法基本上和合金工具钢相同,牌号头部的数字表示平均碳质量分数(以千分之几计)，一般用一位数字表示。表 5-4 是部分常用钢材的牌号举例。

表 5-4　常用钢材的牌号示例

类　　别	牌　　号	解　　释
碳素结构钢	Q215-A	屈服点为 215MPa 的 A 级镇静钢
	Q235-AF	屈服点为 235MPa 的 A 级沸腾钢
优质碳素结构钢	08F	平均碳质量分数为 0.0896 的沸腾钢
	20g	平均碳质量分数为 0.20% 的锅炉钢
	45	平均碳质量分数为 0.45% 的优质碳素结构钢
碳素工具钢	T8	平均碳质量分数为 0.8% 的碳素工具钢
	T10A	平均碳质量分数为 1.0% 的高级优质碳素工具钢
低合金高强钢	Q345A	屈服点为 345MPa 的 A 级低合金高强度结构钢
合金结构钢	20CrMnTi	平均碳质量分数为 0.20%，铬、锰和钛的平均质量分数均小于 1.50% 的合金结构钢
	40Cr	平均碳质量分数为 0.40%，平均铬质量分数小于 1.50% 的合金结构钢
	60Si2MnA	平均碳质量分数为 0.60%，平均硅质量分数为 2%，平均锰质量分数小于 1.50% 的高级优质合金结构钢
合金工具钢	9SiCr	平均碳质量分数为 0.9%，硅和铬的平均质量分数均小于 1.50% 的低合金工具钢
	W18Cr4V	平均钨质量分数为 18%，平均铬质量分数为 4%，平均钒质量分数小于 1.50% 的高速工具钢(按规定，高速工具钢的碳质量分数数字在牌号中不标出)
特殊性能钢	2Cr13	平均碳质量分数为 0.2%，平均铬质量分数为 13% 的铬不锈钢
	4Cr9 S12	平均碳质量分数为 0.4%，平均铬质量分数为 9%，平均硅质量分数为 2% 的耐热钢

5.4　常用铸铁

　　铸铁是碳质量分数大于 2.11% 的铁碳合金。工业用铸铁中还含有硅、锰、硫、磷等杂质元素。铸铁与碳素钢比较，虽然力学性能(抗拉强度、塑性、韧性)较差，但具有优良的减震性、耐磨性、铸造性能和切削加工性能，而且生产成本低廉，因而在工业生产中得到广泛应用。根据碳在铸铁中存在形式的不同，铸铁可分为以下几种。

5.4.1　白口铸铁

　　其中碳几乎全部以化合物状态(Fe_3C)存在，断口呈银白色，故称白口铸铁。由于这种铸铁的性能硬而脆，很难进行切削加工，所以很少直接用于制造机械零件。有时利用其硬度高、耐磨性好的特点，制造一些要求表面有高耐磨性的机件和工具，如球磨机的内衬和磨球等。

5.4.2　灰铸铁

灰铸铁中碳主要以片状石墨的形式存在,断口呈暗灰色,故称灰铸铁。灰铸铁的铸造性能和切削加工性能很好,是工业上应用最广泛的铸铁。

灰铸铁的牌号由"HT"和三位数字组成,其中数字表示抗拉强度最低值。例如,HT100表示抗拉强度最低值为 100MPa 的灰铸铁。

按国家标准 GB/T 9439—2010《灰铸铁件》的规定,灰铸铁根据 ϕ30mm 的单铸试棒的抗拉强度分为六级,其牌号、力学性能和应用举例见表 5-5。

表 5-5　灰铸铁的牌号、力学性能和应用举例

牌号	抗拉强度(不小于)/MPa	应用举例
HT100	100 (10.2)	负荷小、不重要的零件,如防护罩、盖、手轮、支架、底板等
HT150	150 (15.3)	承受中等负荷的零件,如支柱、底座、箱体、泵体、阀体、皮带轮、飞轮、管路附件等
HT200	200(20.4)	承受中等负荷的重要零件,如气缸、齿轮、齿条、机体、机床床身、中等压力阀体等
HT250	250(25.5)	要求较高的强度、耐磨性、减震性及一定密封性的零件,如气缸、油缸、齿轮、衬套等;承受高负荷、高耐磨和高气密性的重要零件,如重型机床的床身、机座、主轴箱、卡盘、高压油缸、阀体、泵体、齿轮、凸轮等
HT300	300(30.6)	
HT350	350(35.7)	

5.4.3　可锻铸铁

可锻铸铁中碳主要以团絮状石墨的形态存在,它是白口铸铁经退火而获得的一种铸铁。与灰铸铁相比,可锻铸铁具有较高的强度,且具有较好的塑性和韧性,故被称为"可锻"铸铁,实际上并不可锻。

按国家标准 GB/T 9440—2010 和 GB/T 5612—2008 的规定,可锻铸铁分为黑心可锻铸铁、珠光体可锻铸铁和白心可锻铸铁等,其牌号分别由"KTH""KTZ""KTB"和两组数字组成。前一组数字表示抗拉强度最低值,后一组数字表示伸长率最低值。如 KTH300-06表示抗拉强度最低值为 300MPa,伸长率最低值为 6%的黑心可锻铸铁;KTZ2450-06 表示抗拉强度最低值为 450MPa,伸长率最低值为 6%的珠光体可锻铸铁;KTB350-04 表示抗拉强度最低值为 350MPa,伸长率最低值为 4%的白心可锻铸铁。

可锻铸铁适用于制造形状复杂、工作中承受冲击、震动、扭转载荷的薄壁零件,如汽车、拖拉机后桥壳、转向器壳和管子接头等。

5.4.4　球墨铸铁

球墨铸铁中石墨呈球状。球墨铸铁的强度比灰铸铁高得多,并且具有一定的塑性和韧性。它主要用于制造某些受力复杂、承受载荷大的零件,如曲轴、连杆、凸轮轴、齿轮等。

球墨铸铁的牌号由"QT"和两组数字组成。前一组数字表示抗拉强度最低值,后一组数字表示伸长率最低值。如 QT400-18 表示抗拉强度最低值为 400MPa、伸长率最低值为18％的球墨铸铁。

5.5　有色金属

有色金属也称非铁金属。由于不少有色金属具有密度小、比强度高、耐热、耐蚀和良好的导电性等特点及一些特殊的物理性能,且明显优于钢铁,所以成为现代工业中不可缺少的金属材料。机械制造业中广泛应用的有色金属有铝及铝合金、铜及铜合金等。

5.5.1　铝及铝合金

1. 纯铝

在现代工业中铝是仅次于钢铁的一种重要金属材料。纯铝熔点 660℃,密度为 $2.7g/cm^3$,铝的强度大多也不及钢,弹性模量只有钢的 1/3 左右;具有良好的导电性、导热性,仅次于金、银、铜;耐蚀性;纯铝在空气中易氧化而使表面迅速生成一层致密稳定的 Al_2O_3 氧化膜,保护内部的材料不再受到环境侵害。纯铝一般不用于结构材料,主要用于铝箔、导线及配制铝合金。

2. 铝合金

在纯铝中加入 Cu、Mg、Zn、Si、Mn、稀土等合金元素配制成各种铝合金,以满足工程应用。

1) 变形铝合金

变形铝合金的合金元素质量分数总和较低,为可以通过压力加工制成各种型材及成型零件的一类合金,按性能的不同,可分为以下几种。

(1) 防锈铝合金　属于 Al-Mg、Al-Mn 系合金,塑性及耐蚀性好,易于成型及焊接,强度低,适于制造要求抗蚀及受力不大的零部件,如油箱、油管、铆钉、日用器皿等。

(2) 硬铝合金　主要有 Al-Cu-Mg 系合金,其强度高,但抗蚀性及焊接性较差,主要用于制造中等强度的飞行器的各种承力构件,如飞机蒙皮、壁板、桨叶、硬铆钉等。

(3) 超硬铝合金　属于 Al-Cu-Mg-Zn 泵合金,为硬铝中再加锌、铬、锰等而制成,其强度更高,热态塑性好,但耐蚀性差,主要用于工作温度较低、受力较大的飞机大梁和螺旋桨叶等。

(4) 锻铝合金　主要有 Al-Cu-Mg-Si 系及耐热性突出的 Al-Cu-Mg-Fe-Ni 系铝合金,具有良好的铸造性能、热塑性、耐蚀性及焊接性,力学性能与硬铝相似,适于锻压成型,故称锻铝,主要用于制造形状复杂的锻件,如导风轮及飞机上的接头、框架、建筑用铝合金门窗型材等。

2）铸造铝合金

铸造铝合金通常有以下几类。

（1）Al-Si 系铸造铝合金　具有优良的铸造性能及较好的耐蚀性、耐热性及焊接性，适于制造各种形状复杂的铸铝件，如内燃机活塞、气缸体、气缸头、轿车轮毂、仪表壳等，应用量占整个铸铝的 50% 以上。

（2）Al-Cu 系铸造铝合金　此类合金的强度特别是高温强度较高，主要用于在较高温度环境下（300℃以下）工作的零件，如内燃机气缸头及活塞等。

（3）Al-Mg 系铸造铝合金　此类合金属于高强度和高耐蚀性的合金，密度小，抗冲击，常用于制造外形较简单、承受冲击载荷、在腐蚀介质下工作的舰艇配件和化工零件等。

（4）Al-Zn 系铸造铝合金　此类合金是最便宜的铝合金，其铸造性能好，强度较高，但耐蚀性较差，密度较大，主要用于受力较小、形状复杂的仪器仪表件及建筑装修小配件。

（5）Al-Li 系铸造铝合金　是近几年开发的新型铝合金，由于锂（Li）的加入使密度降低 10%～20%，而 Li 对 Al 的强化效果十分明显，使其比强度、比刚度大大提高，以达到部分取代硬铝和超硬铝的水平，且耐蚀及耐热性较好，是航空航天工业的新型结构材料。

（6）Al-RE 系铸造铝合金　Al-Si 系合金中加入稀土元素，铸造性能好且耐热性高，用它制成的内燃机活塞的使用寿命比一般的铝合金高七倍以上。

5.5.2　铜及铜合金

1. 纯铜

纯铜颜色为玫瑰红，表面形成氧化膜后呈紫红色，故又称紫铜；因其目前是用电解法获得的又称为电解铜。纯铜密度为 $8.9g/cm^3$，熔点为 1083℃；塑性好，易于加工；其导电性、导热性仅次于银，广泛用作电器及热交换产品；纯铜为抗磁性材料，无低温脆性，可用于深度冷冻工业产品及抗磁仪表零件中；纯铜的电极电位较高，在大气、淡水、非氧化性酸液中具有较高的化学稳定性。

纯铜强度低（退火态 $\sigma_b \approx 250MPa$），价格也较贵，一些性能达不到使用要求。因此，常以纯铜为原料加入锌、锡、铝、锰、铁、铍、钛、铬等，配制成一系列铜合金，以达到提高力学性能以及某些物理、化学性能的作用。

2. 铜合金

1）黄铜

黄铜是以锌为主要合金元素的铜合金，其中仅加入锌元素而构成的黄铜又称为普通黄铜。锌含量较少时，其塑性好，强度较低。如铜质量分数为 70%、其余为锌的 H70 常用于冷变形零件，如弹壳、冷凝器管、仿金涂层等。锌含量较多时，其强度较高，室温塑性差，而热塑性及铸造性能较好。如铜质量分数为 62%、其余为锌的 H62 适于制造受力件，如弹簧、垫圈、螺钉、导管、散热器等。普通黄铜对海水及大气的耐蚀性较好，且以价廉的锌加入黄铜，使成本较低，应用较广。

为进一步提高普通黄铜的力学性能、化学性能及工艺性能，常在普通黄铜的基础上加入铅、铝、硅、锰、锡、镍等一种或多种元素,则相应形成铅黄铜、铝黄铜、硅黄铜等所谓"特殊黄铜",如铜质量分数为 62%、锡质量分数为 1%、其余为锌的锡黄铜 HSn62-1,耐海水腐蚀性较好,广泛用于船舶零件(如螺旋桨)等;铜质量分数为 59%、铅质量分数为 1%、其余为锌的铅黄铜 HPb59-1,其力学性能和切削加工性能较好,适用于切削加工及冲压加工的各种结构零件,如销子、垫片、衬套等。

2) 青铜

最早的青铜是指 Cu-Sn 合金,因其外表氧化膜呈青黑色而得名,古代的兵器差不多都是用青铜做的。现在青铜的概念已经延伸为除黄铜、白铜之外的所有铜合金。

锡青铜是以锡为主加元素的铜合金,具有良好的减摩性、抗磁性和低温韧性,耐蚀性比纯铜及黄铜好些,常用于制作弹簧、轴承、齿轮、电器抗磁零件、耐蚀零件及工艺品等。

铝青铜是以铝为主加元素的铜合金,其价格较低,色泽美观。与锡青铜和黄铜相比,铝青铜具有更高的强度,更好的耐磨性、耐蚀性和耐热性,主要用于海水或高温下工作的高强度耐磨耐蚀零件,如弹簧、船用螺旋桨、齿轮、轴承等。

铍青铜是以铍为主加元素的铜合金。其经热处理后,抗拉强度可达 1200~1400MPa,硬度达 350~400HBS,远超过其他所有铜合金,甚至可与高强钢相媲美。此外,还具有优异的弹性、耐磨性、耐蚀性、耐疲劳性、导电性、导热性、耐寒性,并且无铁磁性,撞击不产生火花,有良好的冷热加工性能。常用于制造电接触器、防爆矿用工具、电焊机电极、航海罗盘、精密弹簧、高速高压轴承等。但铍是稀有金属,价格贵,并且有毒,在应用中受到限制。此外,还有硅青铜、钛青铜、铅青铜等。

3) 白铜

白铜是以镍为主加元素的铜合金,因呈银白色而得名,其镍质量分数小于 50%。仅以镍作合金元素的普通白铜具有优良的塑性、耐热性、耐蚀性及特殊的导电性。如镍质量分数为 19% 的白铜 B19,主要用于制造海水和蒸汽环境中工作的精密仪器零件和热交换器等;因其不易生铜绿,也可制作仿银装饰品。

为提高普通白铜的力学性能、工艺性能或电热性能等特殊性能,而在其中再加入锌、铝、铁、锰等一种或多种元素,则相应地得到锌白铜、铝白铜等"特殊白铜"。锌白铜具有很高的耐蚀性、强度和塑性,成本也较低,适于制造精密仪器零件、医疗器械等。锰白铜则具有较高的电阻率及热电势,有低的电阻温度系数,常用于制造低温热电偶、热电偶补偿导线、变阻器及加热器等。

5.6　热处理基本概念

热处理是将金属材料在固态下通过加热、保温和不同的冷却方式,改变其内部组织,从而获得所需性能的一种工艺方法。在机械制造中,热处理起着十分重要的作用,它既可以用于消除上一工艺过程所产生的金属材料内部组织结构上的某些缺陷,又可以为下一工艺过程创造条件,更重要的是可进一步提高金属材料的性能,从而充分发挥材料性能的潜力。因此,各种机械中许多重要零件都要进行热处理。

热处理的工艺过程,包括下列 3 个步骤:

（1）以一定速度把零件加热到规定的温度范围。

（2）在此温度下保温一定时间,使工件全部或局部热透。

（3）以某种速度把工件冷却下来。

加热温度、保温时间和冷却速度根据不同的材料、不同的热处理要求而定,钢的热处理工艺规范可以用图 5-10 所示。通过控制加热温度和冷却速度,可以在很大范围内改变金属材料的性能。

一般可将钢的热处理工艺如图 5-11 所示进行分类,下面介绍几种常用的热处理的方法。

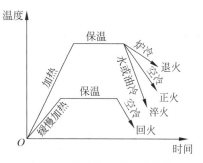

图 5-10 钢的热处理工艺曲线

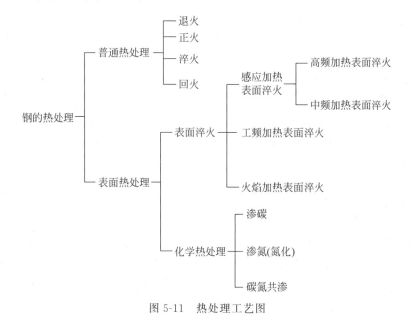

图 5-11 热处理工艺图

5.6.1 退火与正火

退火是将钢件加热到适当温度,保温一段时间后缓慢冷却（通常是随炉冷却）的热处理工艺。

退火的目的是:降低硬度,改善切削加工性能;细化晶粒、改善组织,提高力学性能;消除内应力,并为后续的热处理做好组织准备。

正火是将钢件加热到某一温度,经保温后在空气中冷却的热处理工艺。正火的冷却速度比退火要快,获得的组织比退火后更细。因此,同样的钢件在正火后的强度、硬度比退火后要高些,但清除内应力不如退火彻底。正火时钢件在炉外冷却,不占用设备,生产率较高。低碳钢零件常采用正火代替退火,以改善切削加工性能。对于比较重要的零件,正火可作为淬火前的预备热处理;对于性能要求不高的碳钢零件,正火也可作为最终热处理。

5.6.2　淬火与回火

淬火是将钢件加热到某一温度保温一定时间,然后在水或油中快速冷却,以获得高硬度组织的热处理工艺。

淬火后,钢的硬度和强度大大提高,但脆性增加,并产生很大的内应力。降低钢的脆性,消除内应力,并得到所需的性能,必须进行回火。

回火是将淬火钢重新加热到适当的温度,经保温一段时间后冷却下来的热处理工艺。回火决定钢在使用状态的组织和性能,因而也是一种十分重要的热处理工艺。

根据回火时加热温度不同,可以分为以下三种。

(1)低温回火　加热温度为 150～250℃。其主要目的是为了降低钢中的内应力和脆性,而保持钢在淬火后得到的高硬度和高耐磨性。低温回火通常适用于刃具、量具、冷冲模具和滚动轴承等。

(2)中温回火　加热温度为 350～500℃。其主要目的是提高钢的弹性和屈服点,多用于热锻模和各种弹簧的热处理。

(3)高温回火　加热温度为 500～650℃。其主要目的是获得强度、塑性和韧性都较好的综合力学性能。高温回火适用于轴、齿轮和连杆等重要机械零件。淬火加高温回火又称为"调质处理"。

5.6.3　表面热处理

某些零件的使用要求是表面应具有高强度、高硬度、高耐磨性和抗疲劳性能,而心部在保持一定的强度、硬度条件下应具有足够的塑性和韧性,这就需要采用表面强化的方法。表面热处理是钢件表面强化的重要方法之一,生产中应用较广泛的有表面淬火和化学热处理等。

1. 表面淬火

钢的表面淬火是通过快速加热,将钢件表面层迅速加热到淬火温度,然后快速冷却下来的热处理工艺。表面淬火主要适用于中碳钢和中碳低合金钢,例如,45 钢、40Cr 等。通常,钢件在表面淬火前均进行正火或调质处理,表面淬火后应进行低温回火。这样,不仅可以保证其表面的高硬度和高耐磨性,而且可以保证心部的强度和韧性。

2. 化学热处理

化学热处理是将钢件置于某种化学介质中加热、保温,使一种或几种元素渗入钢件表面,改变其化学成分,达到改变表面组织和性能的热处理工艺。根据渗入的元素不同,化学热处理的种类有渗碳、氮化、氰化(碳氮共渗)、渗硼和渗铝等。目前工业生产上最常用的是渗碳、氮化和氰化三种。

渗碳是将低碳钢的零件放入高碳介质或原子,以获得高碳表层的化学热处理工艺。钢件渗碳后,尚需进行淬火和低温回火,使其表面具有高硬度、高耐磨性,而心部却保持良好的塑性和韧性。渗碳钢的碳质量分数一般为 0.1%～0.3%,常用的钢号有 20 钢、20Cr、20CrMnTi 等。

　　氮化是将钢件放入高氮介质中加热、保温,以获得高氮表层的化学热处理工艺,又称渗氮。与渗碳相比,氮化后表面具有更高的硬度、耐磨性和疲劳强度,而且具有一定的耐蚀性。目前,最常用的氮化用钢是 38CrMoAlA。

　　氰化是使钢件表面同时渗入碳和氮的化学热处理工艺。目前应用较多的是气体氰化,它包括高温氰化和低温氰化。高温氰化以渗碳为主,氰化后进行淬火和低温回火;低温氰化以渗氮为主,实质上是氮化。氰化所用的钢主要是渗碳钢,如 20CrMnTi 等,但也可用中碳钢和中碳合金钢。

第 2 篇

金属冷加工

在金属工艺学中,冷加工是指金属在低于再结晶温度进行塑性变形的加工工艺,如金属切削加工、冷轧、冷拔、冷锻、冲压、冷挤压等。冷加工变形抗力大,在使金属成型的同时,可以利用加工硬化提高工件的硬度和强度。

金属切削加工在金工实习课程中占比较大,是主要的实操课程,也是危险度较高的金工实习课程。切削加工是利用切削工具从工件上切去多余材料的加工方法。通过切削加工,使工件变成符合图样规定的形状、尺寸和表面粗糙度等方面要求的零件。切削加工分为机械加工和钳工加工两大类。

机械加工(简称机工)是利用机械力对各种工件进行加工的方法。它一般是通过工人操纵机床设备进行加工的,其方法有车削、钻削、镗削、铣削、刨削、拉削、磨削、研磨、超精加工和和抛光等。

钳工加工(简称钳工)是指一般在台上以手工工具为主,对工件进行加工的各种加工方法,钳工的工作内容一般包括划线、锯削、锉削、刮削、研磨、钻孔、扩孔、铰孔,攻螺纹、套螺纹、机械装配和设备修理等。

目前,普通加工、精密加工和高精度加工的精度已经达到了 $1\mu m$、$0.01\mu m$ 和 $0.001\mu m$,正向原子级加工逼近;刀具材料朝超硬刀具材料方向发展;生产规模由目前的小批量和单品种大批量向多品种大批量的方向发展,生产方式由目前的手工操作、机械化、单机自动化、刚性流水线自动化向柔性自动化和智能自动化方向发展。

车削加工

第**6**章

6.1 概　述

在车床上用车刀对工件进行切削加工的过程称为车削加工,这是材料切削加工中最基本的一种方式。切削时,工件作旋转运动(主运动),刀具作直线或曲线进给运动,如图 6-1 所示。

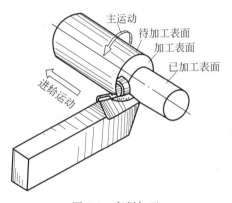

图 6-1　车削加工

车床的加工范围较广,主要加工回转表面。一般车床加工经济精度等级为 IT5～IT13,表面粗糙度值 Ra 为 $0.02～80\mu m$。表 6-1 所示为车床的加工范围。

表 6-1　车床上可完成的典型表面

车端面		扩孔	
钻中心孔		镗孔	

续表

车外圆	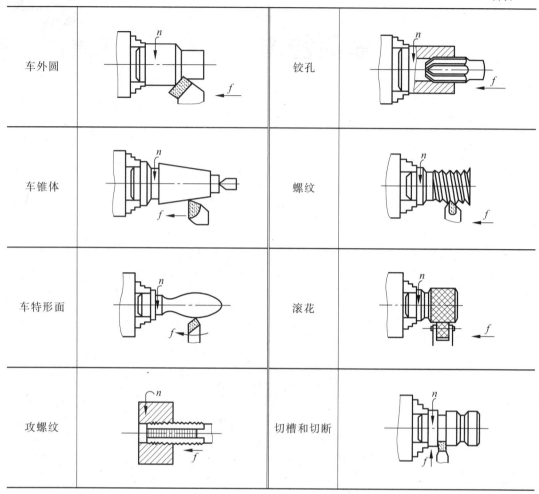	铰孔	
车锥体		螺纹	
车特形面		滚花	
攻螺纹		切槽和切断	

6.2 车床的型号及种类

车床的种类很多,主要有卧式车床、转塔车床、立式车床、多刀车床、自动及半直动车床、仪表车床、数控车床等,其中应用最广的是卧式车床。

6.2.1 卧式车床的型号

北京建筑大学工程实践创新中心有多台 CA6136 型卧式机床。按国家标准 GB/T 15375—2008《金属切削机床型号编制方法》规定,机床型号由汉语拼音和阿拉伯数字组成,现以 CA6136 为例介绍卧式车床编号的含义。

CA6136 型卧式车床长宽高分别为:1992mm、1000mm、1170mm,重 1400kg。

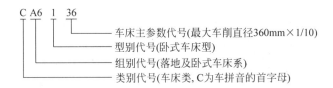

图中标注：
CA6 1 36
车床主参数代号(最大车削直径360mm×1/10)
型别代号(卧式车床型)
组别代号(落地及卧式车床系)
类别代号(车床类,C为车拼音的首字母)

6.2.2　卧式车床的组成

图 6-2 是 CA6136 型卧式车床外形图,它表示出了车床各主要部件之间的相互位置及运动关系,其主要组成部件及功用如下:

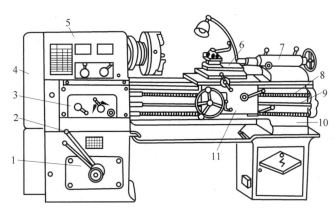

图 6-2　CA6136 型卧式车床外形图

1—变速箱;2—变速手柄;3—进给箱;4—交换齿轮箱;5—主轴箱;6—刀架;7—尾座;
8—丝杠;9—光杠;10—床身;11—溜板箱

（1）主轴箱　主轴箱内部装有主轴和变速传动机构。其功能是支承主轴并把动力经变速机构传给主轴,使主轴带动工件按规定的转速旋转,以实现主运动。

（2）变速箱　变速箱内有变速机构,用于改变主轴变速。

（3）进给箱　进给箱固定在床身左前侧,内有变速机构,主轴通过传动齿轮把运动传递给进给箱,改变箱内齿轮啮合关系,使光杠、丝杠获得不同的速度。其功能是改变机构进给的进给量或加工螺纹的导程。

（4）溜板箱　溜板箱与刀架部件的最下层纵向溜板相连,与刀架一起作纵向运动。其功能是把进给箱传来的运动传递给刀架,使刀架实现纵向进给、横向进给、快速移动或车螺纹。

（5）尾座　尾座装在床身右边的尾座导轨上,可沿导轨纵向调整其位置(见图 6-3)。套筒前端为莫氏锥孔,可装顶尖、钻头、铰刀等各种附件和刀具。摇动尾座手柄,套筒便可在尾座体内作前进或后退运动。套筒锁紧装置用于松开或锁紧套筒的位置。松开尾座螺钉调整尾座体的横向位置,以便使尾座顶尖中心对准主轴中心或偏离一定距离车削小角度锥面。

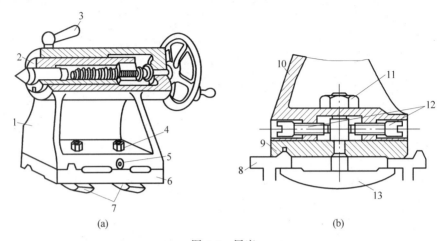

图 6-3　尾座

（a）尾座的结构；（b）尾座体横向调节机构

1,10—尾座体；2—套筒；3—套筒锁紧手柄；4,11—固定螺钉；5,12—调节螺钉；

6,9—底座；7,13—压板；8—床身导轨

（6）床身　床身的功用是支承各主要部件，使它们在工作时保持准确的相对位置。

（7）床腿　床腿的功能是支承床身，并与地基连接。

（8）刀架部件　刀架装在床身的中部，可沿床身上的导轨作纵向移动。由床鞍、中滑板、转盘、小滑板和方刀架等组成（见图 6-4）。它的功能是装夹车刀，实现纵向、横向或斜向进给运动。

（9）光杠、丝杠　将进给箱的运动传给溜板箱。自动走刀用光杠，车削螺纹用丝杠。

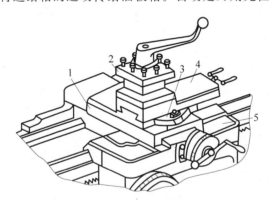

图 6-4　刀架的组成

1—中滑板；2—方刀架；3—转盘；4—小滑板；5—床鞍

6.2.3　卧式车床典型传动机构

1. 常用传动元件

机床的动力源一般为电动机，CA6136 车床主电机功率为 4kW，需要 380V 电压。电动

机作单速旋转运动,并通过传动元件把运动传送到主轴和刀架,常见的传动元件为带轮、齿轮、蜗轮蜗杆、齿轮齿条、丝杠螺母等,见表 6-2。

表 6-2　常见传动元件及符号

名称	图形	符号	名称	图形	符号
平带传动			V 带传动		
齿轮传动			蜗杆传动		
齿轮齿条传动			整体螺母传动		

2. 卧式车床传动路线

车床的传动路线是指从电动机旋转运动通过带轮、齿轮、丝杠螺母或齿轮齿条等传至机床的主轴或刀架的运动传递路线。通常用规定传动件符号,按照运动传递的先后顺序,以展开图的形式表示出来。图 6-5 即为 CA6136 式车床传动路线示意图。

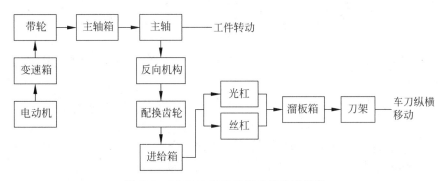

图 6-5　CA6136 车床的传动路线示意图

CA6136 车床主轴正转共 12 种转速,从 37～1600r/min,反转 6 种转速,从 102～1570r/min。CA6136 车床对于每一组变换齿轮进给箱可变化 40 种进给量,即纵向 40 种,横向 40 种。进给量的范围是:纵向进给量为 0.05～1.6mm/r,横向进给量为 0.04～1.28mm/r。图 6-6 为车床的传动系统。

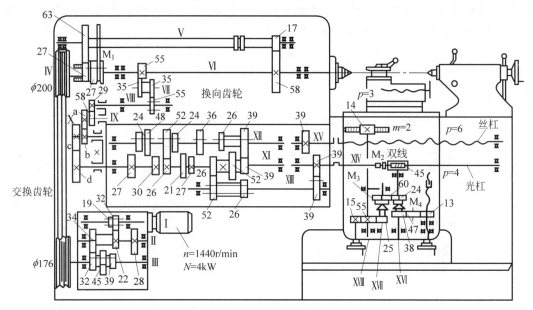

图 6-6　CA6136 车床的传动系统

6.3　车　刀

6.3.1　车刀材料

切削加工中刀具的切削部分在很高的切削温度下工作,要承受很大的切削力,并经受强烈的摩擦和冲击,因此,刀具材料必须满足以下基本性能要求:

(1) 硬度高,耐磨性好　要求车刀材料的常温硬度在 60HRC(洛氏硬度)以上。硬度越高的材料通常其耐磨性越好,耐磨性好的刀具寿命长。

(2) 足够的强度和韧性　刀具材料必须具有足够的强度和韧性才能承受较大的切削力和冲击力,避免脆裂和崩刃。

(3) 耐热性好　耐热性好的刀具材料能在高温时保持比较高的强度,因此可以承受较高的切削温度,即意味着可以适应较大的切削用量。

目前常用的刀具材料有碳素工具钢、合金工具钢、高速钢、硬质合金以及陶瓷、金刚石、立方氮化硼等,而高速钢和硬质合金是用得最多的车刀材料。

6.3.2　车刀类型与结构

车刀按其用途可分为外圆车刀、端面车刀、切断刀、内孔车刀、圆头车刀和螺纹车刀等类型(图 6-7)。90°车刀(偏刀)用于车削工件的外圆、台阶和端面;45°车刀(弯头刀)用于车削工件的外圆、端面和倒角;切断刀用于切断工件或在工件上切槽;内孔车刀用于车削工件的内孔;

圆头车刀用于车削工件的圆角、圆槽或成型面；螺纹车刀用于车削螺纹。

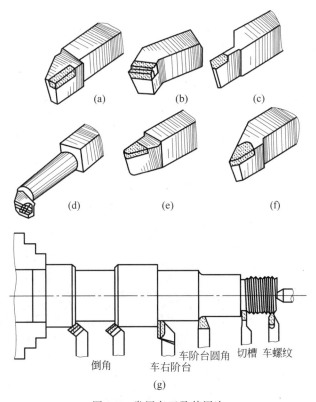

图 6-7 常用车刀及其用途

(a) 90°车刀；(b) 45°车刀；(c) 切断刀；(d) 内孔车刀；(e) 圆头车刀；(f) 螺纹车刀；(g) 车刀的用途

车刀由刀头(或刀片)与刀体两部分组成，如图 6-8 所示。车刀的切削部分位于刀头上，而刀体用于刀具安装。外圆车刀刀头切削部分通常由三面、两刃、一尖组成。其中前刀面是切屑流经的表面；主后刀面是与工件切削表面相对的表面；副后刀面是与工件已加工表面相对的表面。刀刃可以是直线，也可以是曲线，如圆弧车刀。主切削刃是前刀面与主后刀面的交线，起主要的切削作用；副切削刃是前刀面与副后刀面的交线，起次要切削和一定的修光作用。刀尖是主切削刃与副切削刃的交点，实际上通常为一小段过渡圆弧或一小段直线过渡刃。其他车刀也有上述组成部分，但数量不一定完全相同，如切断刀就有三个后刀面(两个副后刀面)、三条刀刃和两个刀尖。另外，前刀面上还常常有断屑槽(图 6-9(c))。

常用车刀有如图 6-9 所示的三种结构形式。整体车刀(图 6-9(a))的刀头和刀体为整体同质材料(通常为高速钢)，刀头的切削部分是经刃磨而获得的，刀刃用钝后可经砂轮手动或机器进行刃磨，重新锋利。焊接车刀(图 6-9(b))是将硬质合金或其他刀片焊到刀头上，有多种形状和规格的硬质合金刀片可供选用。机夹可转位车刀(图 6-9(c))是将多刃的硬质合金刀片或其他材料的刀片用机械夹固的方法安装在刀头上，某一刀刃磨损后，只需转动刀片并重新紧固，就可用另一刃切削。全部刀刃磨损后更换刀片即可。

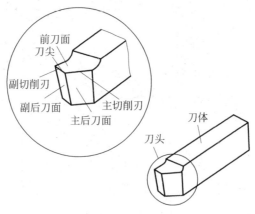

图 6-8　车刀的组成

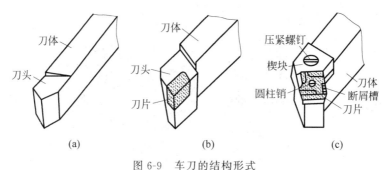

图 6-9　车刀的结构形式

（a）整体车刀；（b）焊接车刀；（c）机夹可转位车刀

6.3.3　车刀的安装

为使车刀在工作时能保持合理的切削角度,车刀必须正确地安装在刀架上。安装车刀时,要求刀尖高度与车床主轴轴线等高,刀柄径向位置与车床主轴轴线垂直。

此外,刀杆的伸出长度应适中:过长会导致刀杆刚性减弱,切削时产生振动,影响加工质量,过短会导致大大降低车刀的径向加工范围。刀尖的高低可通过增减刀杆下面的垫片进行调整,装刀时常用尾座顶尖的高度辅助调整对刀。

6.4　工件安装及所用附件

车削加工时,工件要随主轴作高速旋转运动。工件与主轴的固定是靠各种夹具来实现的,一般情况下要求工件回转中心与主轴中心线重合。为满足各种车削工艺及不同零件的要求,车床上常配备的附件有三爪自定心卡盘、四爪单动卡盘、顶尖、跟刀架、中心架,以及花盘等。

6.4.1　三爪自定心卡盘安装工件

三爪自定心卡盘是车床上应用最广泛的通用夹具(见图 6-10),适于夹持圆形和正六边形截面的短工件。能自动定心,装夹方便迅速,但定心精度不高,一般误差为 0.05～0.15mm。其定心精度受卡盘本身制造精度和使用后磨损程度的影响,故工件上同轴度要求较高的表面,应尽可能在一次装夹中完成加工。

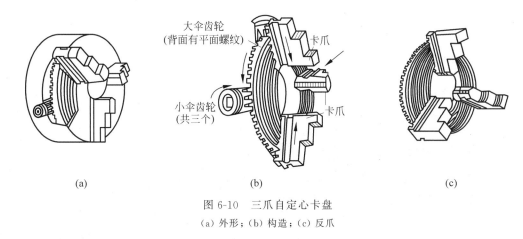

图 6-10　三爪自定心卡盘
(a) 外形;(b) 构造;(c) 反爪

6.4.2　四爪单动卡盘安装工件

四爪单动卡盘的结构如图 6-11 所示,四个单动卡爪用扳手分别调整,因此可用来装夹方形、椭圆等偏心或不规则形状的工件。四爪单动卡盘的夹紧力大,也可用于装夹尺寸较大的圆形工件。

四爪单动卡盘装夹工件时,可根据工件的加工精度要求,进行划线找正(见图 6-12),将工件调整至所需的加工位置。精度需求较低时用划线盘找正,精度需求高时可用百分表找正。

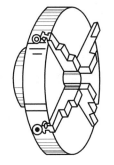

图 6-11　四爪单动卡盘

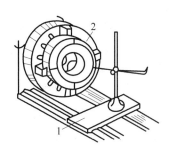

图 6-12　划线找正装夹
1—底座;2—找正表面

6.4.3 顶尖装夹工件

长度与直径之比大于 25(即 $L/D>25$)的轴叫细长轴,加工细长轴时常采用双顶尖装夹(见图 6-13),工件装夹在前后顶尖之间,由卡箍、拨盘带动旋转。前顶尖装在主轴上,和主轴一起旋转;后顶尖装在尾座上固定不动。普通顶尖的形状(见图 6-14)。由于后顶尖易磨损,因此在工件转速较高的情况下,常用活顶尖,加工时,活顶尖与工件一起转动。

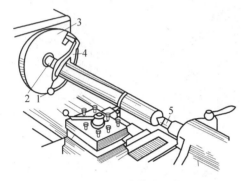

图 6-13 双顶尖装夹工件

1—夹紧螺钉;2—前顶尖;3—拨盘;4—卡箍;5—后顶尖

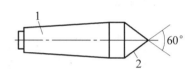

图 6-14 普通顶尖的形状

1—安装部分(尾部);2—支持工件部分

使用顶尖装夹工件操作步骤如下:

(1) 在工件一端装夹卡箍(见图 6-15),在工件另一端中心孔里涂上润滑油。

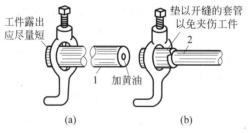

图 6-15 装夹卡箍

(a) 夹毛坯表面;(b) 夹已加工表面

1—毛坯;2—已加工表面

(2) 将工件置于顶尖间(见图 6-16),根据工件长短调整尾座的位置,保证能让刀架移至车削行程的最外端,同时尽量使尾座套筒伸出最短,最后将尾座固定。

(3) 转动尾座手轮,调节工件在顶尖间的松紧,使之既能自动转动,又不会有轴向松动,最后紧固尾座套筒。

(4) 将刀架移至车削行程最左端处,用手拨动拨盘及卡箍,检查是否会与刀架等碰撞。

(5) 拧紧卡箍螺钉。

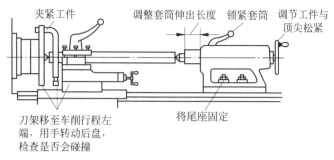

图 6-16　用顶尖装夹工件的步骤

6.5　车床操作要点及基本车削工作

6.5.1　车床操作要点

1. 刻度盘及刻度盘手柄的使用

在车削工件时,要准确地掌握吃刀量,必须熟练地使用跟刀架和小刀架的刻度盘。

跟刀架的刻度盘紧固在丝杠轴头上,跟刀架和丝杠螺母紧固在一起。当跟刀架手柄带着刻度盘转一周时,丝杠也转一周,这时螺母带着跟刀架移动一个螺距。所以跟刀架移动的距离可根据刻度盘上的格数来计算:

$$刻度盘每转一格跟刀架移动的距离 = \frac{丝杠螺距}{刻度盘格数}$$

例如,车床跟刀架丝杠螺距为 4mm,跟刀架的刻度盘等分为 200 格,故每转 1 格跟刀架移动的距离为 4mm÷200＝0.02mm。

加工圆形截面的工件,其圆周加工余量都是按照直径来计算,测量工件尺寸也是看其直径的变化,刻度盘转一格,刀架带着车刀移动 0.02mm。由于工件是旋转的,所以工件上被切下的部分是车刀背吃刀量的两倍,也就是工件直径改变了 0.04mm。所以,用跟刀架刻度盘进刀切削时,通常将每格读作 0.04mm。

加工外圆时,车刀向工件中心移动为进刀,远离中心为退刀。而加工内孔时,则正好相反。

进刀时,如果刻度盘手柄转过了头,或试切后发现尺寸太小而须退回车刀时,由于丝杠与螺母之间存在着间隙,刻度盘不能直接退回到所要的刻度,应按图 6-17 所示的方法操作。

小刀架刻度盘的原理及其使用和跟刀架的相同。

小刀架刻度盘主要用于控制工件长度方向的尺寸。与加工圆柱面不同的是小刀架移动了多少,工件的长度尺寸就改变了多少。

2. 试切的方法与步骤

工件在车床上安装完成后,要根据工件的加工余量选择走刀次数和每次走刀的背吃刀

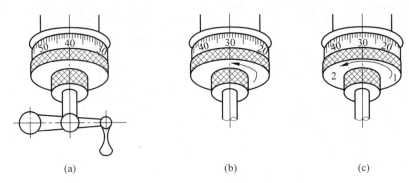

图 6-17　手柄的正确使用

(a) 要求手柄转至 30,但摇过头成 40;(b) 错误:直接退至 30;(c) 正确:反转约一圈后,再转至所需位置 30

量。为了保证工件加工的尺寸精度和表面粗糙度,以及确定走刀工艺,可采用试切的方法。试切方法与步骤如图 6-18 所示。

图 6-18 的(a)～(e)是试切的一个循环。如果尺寸合格了,就按这个背吃刀量将整个表面加工完毕,如果尺寸还大,就要重新进行试切,直到尺寸合格才能继续车下去。

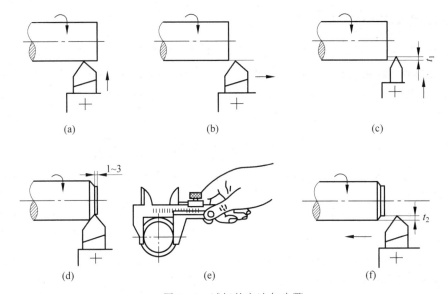

图 6-18　试切的方法与步骤

(a) 开车对刀,使车刀和工件表面轻微接触;(b) 向右退出;(c) 按要求横向进给 t_1;(d) 试切 1～3mm;
(e) 向右退出,停车,测量;(f) 调整背吃刀量至 t_2 后,自动进给切外圆

3. 粗车和精车

为了保证加工质量和提高生产率,需要将零件加工分为若干步骤,对精度要求较高的零件,一般按粗车、半精车、精车的工艺顺序进行。

粗车的目的是尽快从毛坯上切去大部分加工余量,使工件接近最终要求的形状和尺寸。粗车后仍留有一定的加工余量需半精车和精车时去除,所以粗车对精度和表面粗糙度无严格的要求。粗车工艺应该是优先选用比较大的切削深度 a_p，其次选用较大的进给量，采用中等或偏低的切削速度，这样可以得到比较高的生产率和使车刀比较耐用。例如，使用硬质合金车刀粗车低碳钢时可选择 $a_p = 2 \sim 3$mm、$f = 0.15 \sim 0.4$mm/r、$v_c = 40 \sim 60$m/min。车削硬钢比车削软钢时的切削速度低，车削铸铁件比车削钢件时的切削速度低，不用切削液时切削速度也要低些。出于安全的考虑我们金工实习采用聚酰胺纤维材料（别名尼龙）的毛坯。尼龙材料的硬度较低，相对于铸铁材料安全性大大提高。

精车的目的是保证加工精度和表面粗糙度要求，在此前提下尽可能地提高生产率。半精车的尺寸精度为 IT8～IT11，精车为 IT7～IT9；半精车的表面粗糙度为 $Ra\,6.3 \sim 3.2\mu m$，精车为 $Ra\,3.2 \sim 0.8\mu m$。精车时为了保证表面粗糙度要求，应选用较小的背吃刀量和进给量，同时选用较高的切削速度。例如，使用硬质合金刀精车低碳钢时可选择 $a_p = 0.1 \sim 0.3$mm、$f = 0.05 \sim 0.2$mm/r、$v_c \geqslant 100$m/min。

6.5.2　基本车削工作

1. 车外圆和台阶

将工件车削成圆柱形表面的方法称为车外圆。它是生产加工中最基本、应用最广的工序。

车削外圆时常用车刀如图 6-19 所示，尖刀主要用于车外圆；45°弯头刀和 90°偏刀通用性较好，可车外圆，又可车端面和倒角；右偏刀车削带有垂直台阶的外圆工件和细长轴，用其车削外圆时径向力很小，不易顶弯工件；带有圆弧的刀尖常用来车带过渡圆弧表面的外圆。

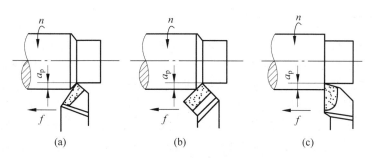

图 6-19　车削外圆时常用的车刀

(a) 尖刀车外圆；(b) 45°弯头刀车外圆；(c) 右偏刀车外圆

车台阶实际上是车外圆和端面的组合加工。轴上的台阶高度在 5mm 以下时可在车外圆时同时车出。为使车刀的主切削刃垂直于工件轴线，装刀时用角尺对刀。

为保证加工的台阶长度符合尺寸精度要求，可在车削台阶前先用刀尖预先刻出线痕，作为台阶加工长度的界限（见图 6-20）。此方法加工精度不高，一般线痕所限定的长度应比所需的长度略短，以留有加工调整的余量。

当台阶高度在 5mm 以上时，应分层进行切削；第一刀选择合适的切削深度，走刀；最后一刀走刀完毕后，刀架应横向退出，防止破坏已加工表面，亦可平整台阶端面，见图 6-21。

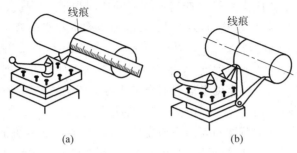

图 6-20 刻出线痕,控制台阶长度

(a) 用钢直尺量;(b) 刻痕

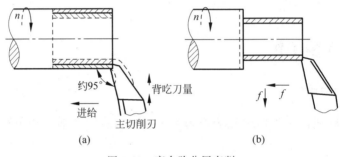

图 6-21 高台阶分层车削

偏刀主切削刃和工件轴线组成 95°,分多次纵向进给车削,在末次纵向进给后,车刀横向退出,车平台阶。

2. 车端面

对工件端面进行车削的方法称为车端面。轴类和盘套类零件的端面一般可在车床上加工。作为工件长度尺寸的定位基准,亦为工件端面上钻孔(含中心孔)的前期准备,车削内、外圆之前一般需先车削端面,这样易保证内、外圆轴线对端面的垂直度。

车削端面时所用的刀具如图 6-22 所示。用偏刀车端面,当背吃刀量较大时易扎刀,所以车端面时用弯头刀较有利。但精车端面时可用偏刀由中心向外进给。这样能提高端面的加工质量。车削直径较大的端面,若出现凹心或凸面时,应检查车刀和刀架是否锁紧,以及

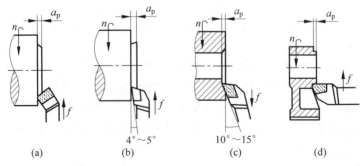

图 6-22 车削端面时所用的刀具

(a) 弯头刀车端面;(b) 右偏刀车端面(由外向中心);(c) 右偏刀车端面(由中心向外);(d) 左偏刀车端面

中滑板的松紧程度。此外,为使车刀准确地横向进给而无纵向松动,应将床鞍紧固于床身上,用小滑板来调整背吃刀量。

3. 车圆锥面

在机械制造中,除广泛采用圆柱体和圆柱孔作为配合表面外,还广泛采用外圆锥面和圆锥孔作为配合表面,如车床主轴的锥孔、顶尖、直径较大的钻头的锥柄等。圆锥配合紧密,拆卸方便,且经多次拆卸仍能保持精确的定心作用,因而得到广泛应用。车圆锥面的方法主要有以下几种:

(1) 宽刀法　宽刀法(样板刀法)是将刀具磨成与工件轴线成锥面斜角 α 的切削刃,直接进行加工的方法,如图 6-23 所示。这种方法的优点是方便、迅速,能加工任意角度的圆锥面。但由于切削刃较大,要求机床和工件的刚性较好,因而加工的圆锥不能太长,仅适用于批量生产中使用。

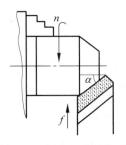

图 6-23　用宽刀车圆锥面

(2) 转动小滑板法　将小滑板绕转盘轴线转斜角仪,然后用螺钉紧固。加工时转动小滑板手柄,使车刀沿锥面的母线移动,加工出所需要的圆锥面,如图 6-24 所示。

这种方法调整方便,操作简单,可以加工斜角为任意大小的内、外圆锥面,应用很广。但所切圆锥面的长度受小滑板行程长度的限制,且只能手动进给,仅用于单件生产。

(3) 偏移尾座法　调整尾座顶尖使其偏移一个距离 S,使工件的旋转轴线与机床主轴轴线相交一个斜角,利用车刀的自动纵向进给,车出所需圆锥面,如图 6-25 所示。

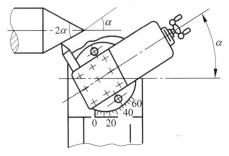

图 6-24　转动小滑板车圆锥面

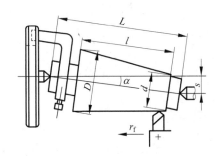

图 6-25　偏移尾座车圆锥面

尾座偏移量: $S = L * \sin\alpha$

当 α 较小时: $S = L * \tan\alpha = L(D-d)/21$

这种方法能车削较长的圆锥面。由于受尾座偏移量的限制,一般只能加工锥面斜角 $\alpha < 8°$ 的锥面,不能加工内锥面,精确调整尾座偏移量较费时。

(4) 靠模板法　一般靠模装置的底座固定在床身的后面,底座上面装有锥度靠模板,它可以绕中心轴旋转到与工件轴线交成锥面斜角,如图 6-26 所示。为使中滑板自由地滑动,必须将中滑板与床鞍的丝杠与螺母脱开。为便于调整背吃刀量,小滑板必须转过 90°。

当床鞍作纵向自由进给时,滑板就沿着靠模板滑动,从而使车刀的运动平行于靠模板,车出所需的圆锥面。

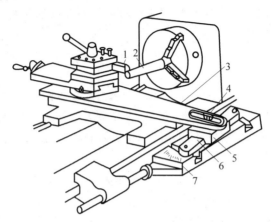

图 6-26　靠模板装置车圆锥面

1—车刀；2—工件；3—中滑板；4—固定螺钉；5—滑板；6—靠模板；7—托架

靠模板法,适于加工较长、任意锥角口、批量生产的圆锥面和圆锥孔,且精度较高。

4. 切槽与切断

切槽要用切槽刀。刀头的宽度很窄,侧面磨出 $1° \sim 2°$ 的副偏角,以减少与工件的摩擦,这样刀头就较脆弱。

切削 5mm 以下的窄槽时,可以横向进给一次切出。切宽槽时,可按图 6-27 的步骤进行。切断刀与切槽刀相似,只是刀头更窄而长,故必须注意以下几点。

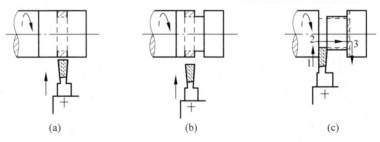

图 6-27　切宽槽的步骤

(a)第一次横向进给；(b)第二次横向进给；(c)末次横向进给后,再以纵向进给精车槽底切宽

(1)切断时,一般工件用卡盘夹持,切断处应靠近卡盘,以免引起工件振动。

(2)切断刀必须正确装夹。刀尖过低,切断处会留下凸起部分；刀尖过高,后面与工件面摩擦,增加阻力。

(3)切断时应降低切削速度,应尽可能减小主轴和刀架滑动部分的间隙。

(4)切削时用手缓慢而均匀地进给,切削钢料时须加切削液。即将切断时,进给速度更慢,以免刀头折断。

铣削加工

7.1 概 述

铣削加工就是在铣床上利用各式各样的铣刀对工件进行切削加工,它是金属切削加工的主要方法之一。铣削运动的特征是铣刀绕自身轴线回转,而工件垂直于铣刀轴线缓慢进给。铣削可以加工各种平面、台阶、沟槽、切断、单坐标和多坐标的成型表面及回转体表面(图 7-1),所能达到的精度为 IT6~IT13,表面粗糙度 Ra 为 $0.16~80\mu m$。

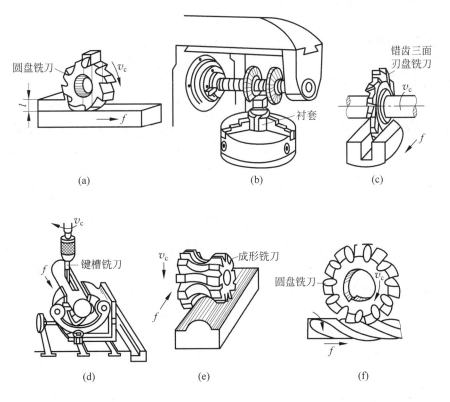

图 7-1 铣削加工范围

(a)铣平头;(b)铣方头;(c)铣直槽;(d)铣键槽;(e)铣成型面;(f)铣螺旋槽;(g)铣齿轮;(h)切断

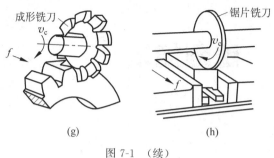

图 7-1　（续）

7.2　铣床的型号及种类

铣床的种类很多,有升降台铣床、卧式铣床、立式铣床、落地铣床、龙门铣床,还有工具铣床、仿形铣床和数控铣床等,甚至还有带刀库的加工中心。其中最常见的是升降台式铣床和龙门铣床,而近年发展很快的是数控铣床。各种形式的铣床为制造不同类型的零件提供了各种可靠的加工方法,保证了它们加工的精度和要求。

7.2.1　铣床的型号

北京建筑大学工程实践创新中心有多台立式铣床及一台卧式铣床和一台万能铣床。按国家标准 GB/T 15375—2008《金属切削机床型号编制方法》规定,机床型号由汉语拼音和阿拉伯数字组成,现以 X5032 为例介绍铣床编号的含义。铣床型号由表示该铣床所属的系列、主要规格、性能和特征等的代号组合而成。

例如:

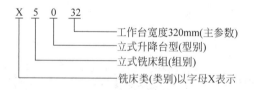

我们实践时使用的立式铣床是 X5032 型,其长宽高分别为:2530mm×1890mm×2380mm。

工作台工作面长度、宽度:320mm、1320mm。

机床通用特性的代号和铣床的分类、分组以及分型见表 7-1 及表 7-2。

表 7-1　机床通用特性代号

通用特性	高精度	精密	自动	半自动	数字自动控制	仿形	自动换刀	轻型	万能	简式
代号	G	M	Z	B	K	F	H	Q	W	J

表 7-2　铣床类、组、型划分

名称	类别(分类)									
	0	1	2	3	4	5	6	7	8	9
仪表铣床						台式立铣床	台式卧铣床		其他仪表铣床	
单柱铣床	悬臂铣床					单柱铣床				
龙门、双柱铣床	龙门铣床	龙门镗铣床	龙门铣刨床			双柱铣床				
平面、端面铣床	卧式平面铣床	立式平面铣床				端面铣床	双端面铣床		移动式端面铣床	
仿形铣床		平面刻模铣床	立体刻模铣床	平面仿形铣床	立体仿形铣床	立式仿形铣床	立式叶片仿形铣床	卧式叶片仿形铣床	螺旋桨仿形铣床	
立式铣床					坐标立式升降台铣床	转塔立式升降台铣床		圆弧铣床		
卧式铣床	卧式升降台铣床	万能升降台铣床	万能回转头铣床	摇臂万能铣床						
圆工作台、工作台不升降铣床	圆工作台铣床	工作台不升降铣床	转塔工作台不升降铣床	立柱移动工作台不升降铣床	转塔立柱移动工作台不升降铣床	工作台不升降卧式铣床	立柱移动工作台不升降卧式铣床		牛头立式铣床	
工具铣床		万能工具铣床	坐标万能工具铣床	钻头沟槽铣床						
其他铣床	六角螺母槽铣床		键槽铣床	鼓轮铣床	轧辊轴颈铣床	凸轮曲轴铣床	曲轴铣床	转子槽铣床	钢锭模铣床	方钢锭铣床

7.2.2　铣床的组成

常用的铣床有卧式铣床以及立式铣床两种。卧式铣床又分为普通铣床和万能铣床。万能铣床的工作台在一定角度范围内能偏转(图 7-2),而普通铣床则不能。现北京建筑大学有立式铣床 4 台(图 7-3)、卧式铣床一台、万能铣床一台。在某些工厂中也有龙门铣床,其适用于加工尺寸较大的工件,可以多刀同时加工 12 个表面,生成效率高,在成批和大量生成中得到较多应用,如图 7-4。

以万能卧式铣床为例,其主要组成部分及作用如下:

(1) 床身　支撑和固定铣床上所有部件,其内部安装主轴及主轴变速机构等。

(2) 横梁　安装在床身上方的燕尾导轨中,可用于安装吊架,支承刀杆以增强其刚性。横梁可根据工作要求沿燕尾导轨移动,以调整其伸出长度。

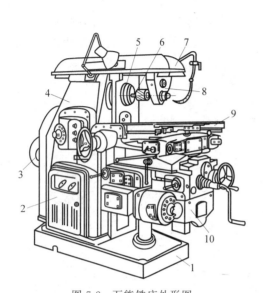
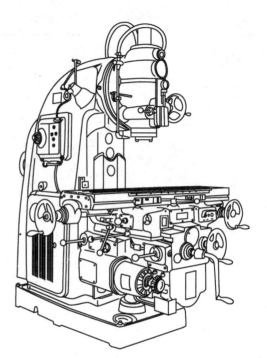

图 7-2　万能铣床外形图　　　　　　　　　图 7-3　立式铣床外形图

1—床身；2—电动机；3—变速箱；4—主轴；5—横梁；
6—刀杆；7—吊架；8—纵向工作台；9—转台；10—横
向工作台

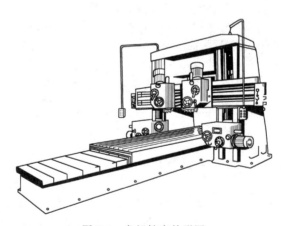

图 7-4　龙门铣床外形图

　　（3）主轴　主轴用来带动铣刀旋转，其前端有 7：24 的精密锥孔，用以安装刀杆或直接安装带柄铣刀。

　　（4）升降台　位于工作台、转台、横向溜板下面，可带动它们沿床身的垂直导轨上下移动，以调整工作台面到铣刀的距离，铣削时也可作垂直进给运动。

　　（5）床鞍（横溜板）　用以带动工作台沿升降台水平导轨作横向运动，在对刀时调整工件与铣刀之间的横向位置，也可带动工件作横向进给。

7.3　铣　　刀

7.3.1　铣刀类型

　　铣刀是多刃回转刀具,其品种规格非常多,一般可按用途分类,也可以按齿背形式和用途分类。按用途主要有以下类型,如图 7-5 所示。

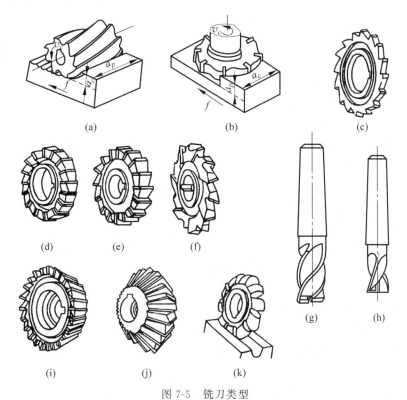

(a)　　　　　　　　　　(b)　　　　　　　　　　(c)

(d)　　　　　(e)　　　　　(f)　　　　　　　　(g)　　　(h)

(i)　　　　　(j)　　　　　(k)

图 7-5　铣刀类型

(a) 柱铣刀；(b) 端铣刀；(c) 槽铣刀；(d) 两面刃铣刀；(e) 三面刃铣刀；(f) 错齿三面刃铣刀；

(g) 立铣刀；(h) 键槽铣刀；(i) 单角度铣刀；(j) 双角度铣刀；(k) 成型铣刀

　　(1) 柱铣刀　如图 7-5(a)所示,用于在卧式铣床上加工平面,其特点是切削刃成直齿或螺旋状分布在圆柱表面上,无副切削刃。主要用高速钢整体制成,也可以镶焊螺旋形硬质合金刀片。

　　(2) 端铣刀　如图 7-5(b)所示,其主切削刃分布在铣刀的一端,工作时轴线垂直于被加工平面,常用在立式铣床上加工平面。主要采用硬质合金刀齿,切削生产率较高。

　　(3) 刃铣刀　分为单面刃槽铣刀、两面刃铣刀和三面刃铣刀。

　　① 槽铣刀　如图 7-5(c)所示,仅在圆柱表面上有刀齿。为了减少端面与沟槽侧面的摩擦,两侧端面做成内凹角为 00307 的锥面,该角度就是副偏角 K_r。槽铣刀只能用于加工浅槽。

　　② 两面刃铣刀　如图 7-5(d)所示。在圆柱表面和一个端面上有刀齿,用于加工台

阶面。

③ 三面刃铣刀　如图 7-5(e)所示,在圆柱表面和两侧面上都有切削刃,用于加工沟槽或台阶面。错齿三面刃铣刀(图 7-5(f))的刀齿交错地左、右旋,可以改善侧刃的工作条件。

④ 锯片铣刀　实际上就是薄的槽铣刀,但齿数少,以增大容屑槽空间,用于切断或切深窄槽。

⑤ 立铣刀　如图 7-5(g)所示,可用于加工平面、台阶面和槽。立铣刀圆柱面上的螺旋切削刃是主切削刃,端面上的切削刃是副切削刃,所以它不同于孔加工刀具,一般不能沿轴向进给。端部做成球形的立铣刀多用于加工多坐标三维成型表面,其球面切削刃也是主切削刃,所以可用这种立铣刀作沿轴向进给的切削运动。

⑥ 键槽铣刀　如图 7-5(h)所示,是铣削键槽的专用刀具。它仅有两个刀瓣,其圆周切削刃和端面切削刃都可作为主切削刃,使用时先沿轴向进给切入工件,然后沿键槽方向进给铣出键槽全长。重磨时仅磨端面切削刃。

⑦ 角度铣刀　分为单角度铣刀(图 7-5(i))和双角度铣刀(图 7-5(j)),用于铣削沟槽和斜面。

⑧ 成型铣刀　如图 7-5(k)所示,是在普通铣床上加工成型沟槽的刀具,其刀齿廓形要与被加工工件的廓形相适应。

铣刀种类虽多,但以圆柱铣刀和端铣刀为基本型式,前者轴线平行于被加工表面,后者轴线垂直于被加工表面。铣刀的刀齿虽多,但各齿形状相同,多个刀刃可以同时参加切削。

7.3.2　铣刀的安装

铣刀的结构不同,在铣床上安装的方法各不相同。铣刀安装是铣削工作的一个重要组成部分,安装是否正确,不仅影响到加工质量,而且也影响铣刀的使用寿命。

(1) 带孔铣刀的安装　由于这类铣刀中心都有一个孔,所以须安装在铣刀刀杆上,圆柱形、圆盘形铣刀多用长刀杆安装,如图 7-6 所示。

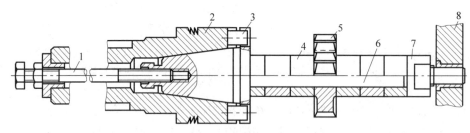

图 7-6　带孔铣刀的安装

1—拉杆;2—主轴;3—端面键;4—套筒;5—铣刀;6—刀杆;7—螺母;8—吊架

用长刀杆安装带孔铣刀时应注意:铣刀应尽可能地靠近主轴,以保证铣刀杆的刚度;套筒的端面和铣刀的端面必须擦干净,以减小铣刀的跳动;拧紧刀杆的压紧螺母时,必须先装上吊架,以防刀杆受力弯曲。

(2) 带柄铣刀的安装　这类铣刀有直柄(圆柱柄)和锥柄两种形式,是靠柄部定心来安装或夹持的,如图 7-7 所示。

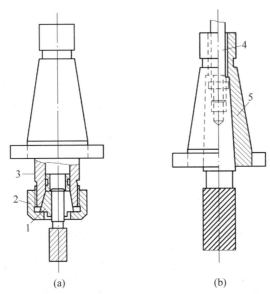

图 7-7　带柄铣刀的安装

（a）直柄铣刀的安装；（b）锥柄铣刀的安装

1—弹簧套；2—螺母；3—夹头体；4—拉杆；5—变锥套

（1）直柄铣刀因直径尺寸较小，可以用通用夹头和弹簧夹头安装在铣床上。弹簧夹头夹紧力大，铣刀装卸方便，夹紧精度较高，使用起来很方便。

（2）锥柄铣刀的柄部是带锥度的，随着铣刀切削部分直径的增大，柄部尺寸也增大，因此安装也相应地有所不同。当铣刀的锥柄尺寸和锥度与铣床主轴孔相符时，可以直接装入铣床主轴孔内，用拉紧螺杆从主轴孔的后面拉紧铣刀即可；当铣刀的锥柄尺寸和锥度与铣床主轴孔不符时，甩一个内孔与铣刀锥柄相符而外锥与主轴孔相符的过渡套将铣刀装入主轴孔内。

7.4　铣床附件

铣床的主要附件有万能铣头、平口钳、回转工作台和分度头等，如图 7-8 所示。

1. 万能铣头

万能铣头是一种扩大卧式铣床加工范围的附件，利用它可以在卧式铣床上进行立铣工作。使用时先卸下卧式铣床的横梁、刀杆，再装上万能铣头，根据加工需要其主轴在空间可以转成任意角度和方向（图 7-8（a））。

2. 平口钳及其安装

铣床所用平口钳，钳口本身精度及其与底座底面的位置精度均较高，底座下面还有两个定位键，安装时以工作台上的 T 形槽定位。平口钳有固定式和回转式，一般用于装夹中小

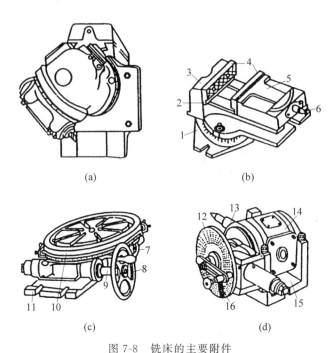

图 7-8   铣床的主要附件

(a) 万能铣头；(b) 平口钳；(c) 回转工作台；(d) 分度头

1,11,15—底座；2—固定钳口；3—钳身；4—钳口铁；5—活动钳口；6—螺杆；7—固定螺钉；
8—手轮；9—蜗杆轴；10—转台；12—分度盘；13—主轴；14—转动体；16—扇形叉

型工件,使用时以固定钳口为基准(见图 7-8(b))。

3. 回转工作台

回转工作台通过蜗轮蜗杆副带动旋转,回转工作台周边有表示其旋转角度的刻度示值。回转工作台除能带动安装其上面的工件旋转外,还可完成对较大工件的分度工作。用它可以加工工件上的圆弧形周边、圆弧形槽、多边形工件以及加工有分度要求的槽或孔等(见图 7-8(c))。

4. 分度头及其工作

(1) 分度头的组成及作用   分度头是一种用来进行分度的装置,由底座、转动体、分度盘、主轴及顶尖等组成。主轴装在转动体内,并可随转动体在垂直平面内转动成水平、垂直或倾斜位置。如铣削六方、齿轮、花键等工件时,要求工件在铣完一个面或一条槽之后转过一定角度,再铣下一个面或槽,这种使工件转过一定角度的工作即称分度。分度时摇动手柄,使蜗杆、蜗轮带动分度头主轴,再通过主轴带动安装在主轴上的卡盘使工件旋转(见图 7-8(d))。

(2) 简单分度法   分度头传动如图 7-9 所示。蜗杆蜗轮的传动比为 1：40,即当与蜗杆同轴的手柄转过一圈时,单头蜗杆前进一个齿距,并带动与它相啮合的蜗轮转动一个轮齿。当手柄连续转动 40 圈后,蜗轮正好转过一整圈。由于主轴与蜗轮相连,所以主轴带动工件也转过一整圈。如使工件 Z 等分分度,每分度一次,工件(主轴)应转动 $1/Z$ 转,则可求得分

度头手柄转数 $n=40/Z$，此方法称为简单分度。

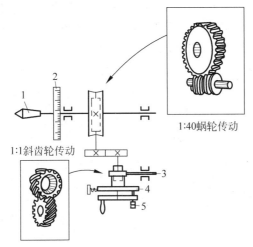

1:40蜗轮传动

1:1斜齿轮传动

图 7-9　分度头传动

1—主轴；2—刻度环；3—交换齿轮轴；4—分度盘；5—定位销

例如：铣削 6 等分的键槽时，手柄每次分度应转过的圈数为

$$n = \frac{40}{Z} = \frac{40}{6} = 6\ \frac{4}{6} = 6\ \frac{20}{30}$$

此处 n 不是整数。非整数的圈数是借助分度盘来控制的。FW250 型分度头备有两块分度盘，每块的正面有六圈均匀分布的定位孔，反面有五圈。

第一块的正面是：24、25、28、30、34、37；反面是 38、39、41、42、43。

第二块的正面是：46、47、49、51、53、54；反面是 57、58、59、62、66。

如上述 40/6 圈，只需使手柄在分度盘 30 孔圈上转 6 圈后再转过 20 个孔间距。为了使手柄转过的孔间距无误、方便，可调整分度盘上的扇形板的夹角，使之为 20 个孔间距。

5．圆形工作台

对于由圆弧和几段直线连成的曲线外形，或圆弧曲线外形，可以在圆形工作台上进行加工。回转工作台是立式铣床上的标准附件，如图 7-8(c) 所示。

7.5　铣削加工工艺

铣削是平面加工的主要方法之一。铣削时，铣刀的旋转是主运动，工件作直线或曲线的进给运动。

铣削平面：根据设备、刀具条件不同，用面铣刀对工件进行端铣，或可用圆柱铣刀对工件进行周铣，如图 7-10、图 7-11 所示。前者是利用铣刀的端部刀齿进行切削；后者是利用铣刀的圆周刀齿进行切削。与周铣比较，端铣时同时参加工作的刀齿数目较多，切削厚度变化较小，刀具与工件加工部位的接触面较大，切削过程较平稳，且面铣刀上有修光刀齿可对已加工表面起修光作用,因而其加工质量较好。另外,面铣刀刀杆刚性高,切削部分大多采用硬质合金刀片,可采用较大的切削用量,常可在一次进给中加工出整个工件表面,所以生产率较高。但端铣主要用于铣平面,而周铣则可通过选用不同类型的铣刀,进行平面、台阶、沟槽及成型面等的加工,因此,周铣的应用范围较广。

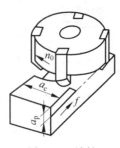
图 7-10 端铣

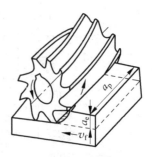
图 7-11 周铣

使用圆柱铣刀铣削平面时,根据铣刀旋转方向与工件进给方向不同,有顺铣和逆铣之别。顺铣时,铣刀旋转方向与工件进给方向相同;逆铣时,铣刀旋转方向与工件进给方向相反,如图 7-12 所示。顺铣时,铣刀可能突然切入工件表面而发生深啃(由丝杠与螺母的间隙引起),使传动机构和刀轴受到冲击,甚至折断刀齿或使刀轴弯曲,故通常用逆铣而少用顺铣。但顺铣时切削厚度由大变小,易于切削,刀具寿命高。此外,顺铣时铣削力将工件压在工作台上,工件平稳。因此,若能消除间隙(如 X5032 型铣床设有丝杠螺母间隙调整机构)也可采用顺铣。

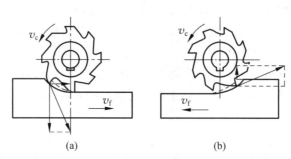
(a)   (b)
图 7-12 顺铣与逆铣
(a)顺铣;(b)逆铣

刨削加工

8.1 概　述

在刨床上用刨刀加工工件叫刨削。刨削主要用于加工平面(水平面、垂直面、斜面)、沟槽(直槽、T形槽、V形槽、燕尾槽)和某些成型面,刨削加工范围如图 8-1 所示。其加工的尺寸精度一般为 IT9~IT7,表面粗糙度值 Ra 为 $1.6~6.3\mu m$。

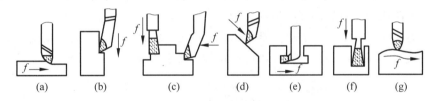

图 8-1　刨削加工范围

(a) 刨水平面;(b) 刨垂直面;(c) 刨台阶面;(d) 刨斜面;(e) 刨 T 形槽;(f) 刨直槽;(g) 刨曲面

常用刨削类机床有牛头刨床、龙门刨床和插床等。牛头刨床多用于中小型零件的单件小批量生产加工。龙门刨床可以加工大型工件或同时加工多个中型工件。刨削时,只有工作行程进行切削,返回的空行程不切削;同时切削速度较低,故生产率较低。但因刨床和刨刀的结构简单,使用方便,所以在单件小批生产以及加工狭长平面时,应用较广泛。

1. 刨削运动

在不同类型的刨床上刨削加工,其刨削运动的主运动和进给运动是不相同的。牛头刨床的主运动是刀具的直线往复运动,进给运动是工件的间歇移动。龙门刨床的主运动是工件的直线往复运动,进给运动是刀具的间歇移动。牛头刨床的刨削运动如图 8-2 所示。

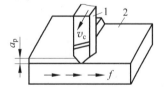

图 8-2　牛头刨床的刨削运动

1—刨刀;2—工件

2. 刨削要素

(1) 刨削速度 v_c,刨削速度是工件和刨刀在切削时的相对速度,或为刨刀往复运动的平均速度(单位为 m/s)。

（2）进给量 f，工件在刨刀每一次往复运动中所移动的距离为进给量 f（单位为 mm/str）。

（3）背吃刀量 a_p，每次切去的金属层厚度为背吃刀量 a_p（单位为 mm）。

8.2　牛头刨床

牛头刨床是刨削类机床中应用较广的一种。它适于刨削长度不超过 1000min 的中、小型工件。下面以 B6065 型牛头刨床为例进行介绍。

1. 牛头刨床的型号

B6065 型牛头刨床，型号中 B 是"刨床"汉语拼音的第一个字母，为刨削类机床的代号；60 代表牛头刨床；65 是刨削工件的最大长度的 1/10，即最大刨削长度为 650mm。

2. 牛头刨床的组成

牛头刨床主要由床身、滑枕、刀架、工作台、横梁、底座等部分组成，见图 8-3。

（1）床身　用来支承和连接刨床的各部件。其顶面导轨供滑枕作往复运动用，侧面导轨供工作台升降用。床身的内部有传动机构。

（2）滑枕　滑枕主要用来带动刨刀作直线往复运动（即主运动），其前端有刀架。滑枕往复运动的快慢、行程的长度和位置，都可根据加工需要调整。

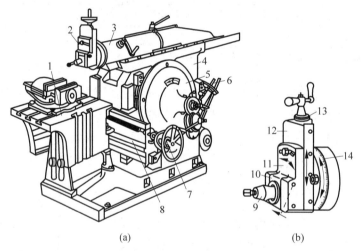

（a）　　　　　　　　　　　　　（b）

图 8-3　B6065 牛头刨床

（a）外形图；（b）刀架

1—工作台；2—刀架；3—滑枕；4—床身；5—摆杆机构；6—变速机构；7—进刀机构；8—横梁；

9—刀夹；10—抬刀板；11—刀座；12—滑板；13—刻度盘；14—转盘

（3）刀架　刀架（见图 8-3（b））用以夹持刨刀。它由转盘、溜板、刀座、抬刀板和刀夹等组成。溜板带着刨刀可沿着转盘上的导轨上下移动，以调整背吃刀量或加工垂直面时作进给运动。转盘转一定角度后，刀架即可作斜向移动，以加工斜面。溜板上还装有可偏转的刀座。抬刀板可绕刀座上的轴向上抬起,使刨刀在返回行程时离开工件已加工面,以减少与工件的摩擦。

(4)工作台　工作台是用以安装工件的,可沿横梁作横向水平移动,并能随横梁作上下调整运动。

8.3　龙门刨床

龙门刨床是用来刨削大型工件上长而窄的平面或大平面,也可同时刨削多个中、小型工件上的平面。

图 8-4 所示为 B2010A 型龙门刨床,其切削运动的主运动是工件的往复直线运动,进给运动是刀架(刀具)的移动。型号 B2010A 中,B 是刨削类机床的代号;20 表示龙门刨床;10 是最大刨削宽度的 1/100,即最大刨削宽度为 1000mm;A 表示经过一次重大改进。

刨削时,两个垂直刀架,可在横梁上作横向进给运动,以刨削水平面;两个侧刀架可沿立柱作垂直进给运动,以刨削垂直面。各个刀架均可扳转一定的角度以刨削斜面。横梁可沿立柱导轨升降,以适应不同高度的工件。

龙门刨床的刚性好,功率大,适合于加工大型零件上的窄长表面或大平面,或多件同时刨削,故也可用于批量生产。

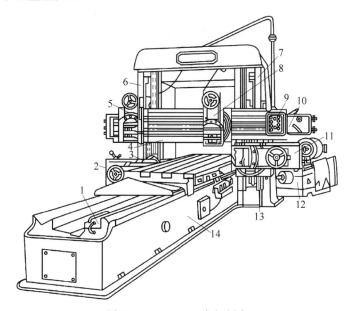

图 8-4　B2010A 型龙门刨床

1—液压安全器;2—左侧刀架进给箱;3—工作台;4—横梁;5—左垂直刀架;6—左立柱;7—右立柱;
8—右垂直刀架;9—悬挂按钮;10—垂直刀架进给箱;11—右侧刀架进给箱;12—工作台减速箱;
13—右侧刀架;14—床身

8.4 插 床

插床(见图 8-5)实际上是一种立式刨床,其结构原理与牛头刨床属同一类型,插床的滑枕在垂直方向上作往复直线运动(为主运动)。工件安装在工作台上,可作纵向、横向和圆周间歇进给运动。

插床主要用于单件、小批量生产中加工零件的内表面(如方孔、多边形孔、键槽等)。在插床上加工孔内表面时,刀具要穿入工件的孔内进行插削,因此工件的加工部分须先有一孔或先钻一个足够大的孔,便于穿过刀杆、刀头及退刀,才能进行插削加工。

插床型号 B5020 中,B 是刨削类机床的代号;50 表示插床;20 是最大插削长度的 1/10,即最大插削长度为 200mm。

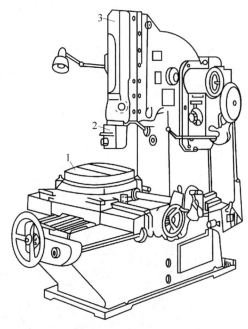

图 8-5 插床
1—圆工作台;2—刀架;3—滑枕

磨削加工

9.1 概 述

在磨床上用砂轮作为刀具对工件表面进行加工的过程称为磨削加工。磨削加工是零件精加工的主要方法之一。

磨外圆时,砂轮的旋转为主运动,同时砂轮又作横向进给运动;工件的旋转为圆周进给运动,同时工件又作纵向进给运动,如图 9-1 所示。

磨削用量包括磨削速度 v_c、圆周进给量 f_w、纵向进给量 f_x、背吃刀量 a_p。

(1) 磨削速度 v_c 磨削过程中砂轮外圆的线速度 v_c,取 $30\sim50\text{m/s}$。

(2) 圆周进给量 f_w 一般用工件外圆的线速度 v_c 来表述和度量。一般粗磨外圆时,f_w 取 $0.5\sim1\text{m/s}$;精磨外圆时,f_w 取 $0.05\sim0.1\text{m/s}$。

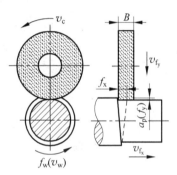

图 9-1 磨外圆时的运动
和磨削用量

(3) 轴向进给量 f_x 工件每转一圈时沿本身轴线方向移动的距离,其值比砂轮宽度 B 小,一般 $f_x=(0.2\sim0.8)B$(单位为 mm/r)。

(4) 背吃刀量 a_p 磨削过程中的背吃刀量是工作台每行程内砂轮相对工件横向移动的距离,也称径向进给量(单位为 mm/str)。一般 a_p 取 $0.005\sim0.05\text{mm/str}$。

从本质上讲,磨削是一种切削,砂轮表面上的每个磨粒,可以近似地看成一个微小刀齿;突出的磨粒尖棱,可以认为是微小的切削刃。其切削过程大致可分为三个阶段,在第一阶段,磨粒从工件表面滑擦而过,只有弹性变形而无切屑。第二阶段,磨粒切入工件表层,刻划出沟痕并形成隆起。第三阶段,切削厚度增大至某一临界值,切下切屑。

由此可知,磨削加工的实质是磨粒微刀对工件进行切削、刻划和滑擦三种作用的综合加工过程。

磨削加工主要具有以下特点:

① 精度高,表面粗糙度小。磨削精度可达 IT5~IT7,表面粗糙度值 Ra 为 $0.2\sim0.8\mu\text{m}$。高精度小表面粗糙度磨削时,表面粗糙度值 Ra 可达 $0.008\sim0.1\mu\text{m}$。

② 由于组成砂轮磨粒的硬度很高,可加工淬火钢、硬质合金等高硬度材料。

③ 磨削时温度高,应加注切削液进行冷却和润滑,防止工件被烧伤。

磨削加工应用范围广,是零件精加工的主要方法之一。主要适用于精度和表面质量要求较高工件的加工和高硬度、难加工材料零件的加工(如铸铁、碳钢、合金钢等一般材料和高硬度的淬硬钢、硬质合金、陶瓷和玻璃等难切削的材料)。它可以加工外圆、内孔、平面、沟槽、成型面,还可刃磨各种刀具,如图 9-2 所示。

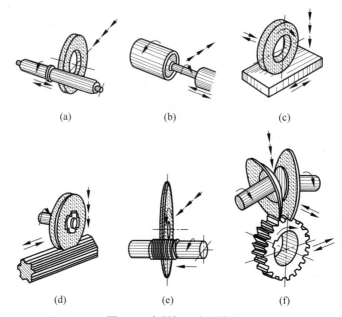

(a)　　　　　　　　(b)　　　　　　　　(c)

(d)　　　　　　　　(e)　　　　　　　　(f)

图 9-2　磨削加工应用范围

(a) 外圆磨削;(b) 内圆磨削;(c) 平面磨削;(d) 花键磨削;(e) 螺纹磨削;(f) 齿形磨削

9.2　磨　床

以砂轮作磨具的机床称为磨床。磨床的种类很多,常用的有万能外圆磨床、普通外圆磨床、内圆磨床、平面磨床等几种。下面以常用的 M1432A 型万能外圆磨床和 M7120A 卧轴矩台平面磨床为例进行介绍。

1. M1432A 型万能外圆磨床

(1) M1432A 型万能外圆磨床的型号　M1432A 型号的含义如下:M—类代号(磨床类);1—组代号(外圆磨床组);4—系代号(万能外圆磨床系);32—主参数(最大磨削直径的 1/10);A—第一次重大改进的顺序号。

(2) M1432A 型万能外圆磨床的组成及其作用　图 9-3 所示为 M1432A 型万能外圆磨床外形图。它的主要组成部分的名称和作用如下:

① 床身。床身用于支承和连接各部件。其上部装有工作台和砂轮架,内部装有液压传动系统。床身上的纵向导轨供工作台移动用,横向导轨供砂轮架移动用。

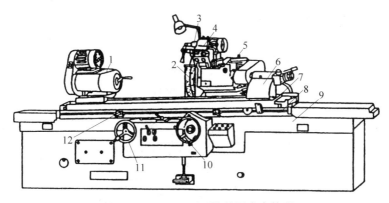

图 9-3 M1432A 型万能外圆磨床外形

1—头架；2—砂轮；3—内圆磨头；4—磨架；5—砂轮架；6—尾座；7—上工作台；8—下工作台；
9—床身；10—横向进给手轮；11—纵向进给手轮；12—换向挡块

② 工作台。工作台由液压驱动,沿床身的纵向导轨作直线往复运动,使工件实现纵向进给。在工作台前侧面的 T 形槽内,装有两个换向挡块,用以控制工作台自动换向;工作台也可手动。工作台分上下两层,上层可在水平面内偏转一个较小的角度(±80°),以便磨削圆锥面。

③ 头架。头架上有主轴,主轴端部可以安装顶尖、拨盘或卡盘,以便装夹工件。主轴由单独的电动机通过传动带变速机构带动,使工件可获得不同的转动速度。头架可在水平面内偏转一定的角度。

④ 砂轮架。砂轮架用来安装砂轮,并由单独的电动机通过传动带带动砂轮高速旋转。砂轮架可在床身后部的导轨上作横向移动。移动方式有自动间歇进给、手动进给、快速趋近工件和退出。砂轮架可绕垂直轴旋转某一角度。

⑤ 内圆磨头。内圆磨头是磨削内圆表面用的,在它的主轴上可装上内圆磨削砂轮,由另一个电动机带动。内圆磨头绕支架旋转,使用时翻下,不用时翻向砂轮架上方。

⑥ 尾座。尾座的套筒内有顶尖,用来支承工件的另两端。尾座在工作台上的位置可根据工件长度的不同进行调整。尾座可在工作台上纵向移动。扳动尾座上的杠杆,顶尖套筒可伸出或缩进,以便装卸工件。

磨床工作台的往复运动采用无级变速液压传动。这是因为液压传动与机械运动、电气传动相比较具有以下优点:A.能进行无级调速、调速方便且调速范围较大,而且传动平稳,反应快,冲击小,便于实现频繁换向和自动防止过载;B.便于采用电液联合控制,实现自动化;C.因在油中工作,润滑条件好,寿命长。液压传动的这些特性满足了磨床要求精度高、刚性好、热变形小、振动小、传动平稳的需要。

2. M7120A 型卧轴矩台平面磨床的组成及其作用

平面磨床主要用于磨削工件上的平面。M7120A 型卧轴矩台平面磨床如图 9-4 所示。它由床身、工作台、立柱、磨头及砂轮修整器等部件组成。长方形工作台装在床身的导轨上,由液压驱动作往复直线运动,可用工作台手轮对其进行调整。工作台上装有电磁吸盘或其他夹具,用以装夹工件。磨头沿拖板的水平导轨可作横向进给运动,这可由液压驱动或横向进给手轮操纵。拖板可沿立柱的导轨垂直移动,以调整磨头的高低位置及完成垂直进给运动,这一运动也可通过转动垂向进给手轮来实现。

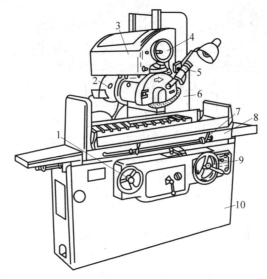

图 9-4　M7120A 型卧轴矩台平面磨床

1—工作台手轮;2—磨头;3—拖板;4—横向进给手轮;5 —砂轮修整器;6—立柱;

7—行程挡块;8—工作台;9—垂直进给手轮;10—床身

钳工技术 第10章

10.1 概　　述

10.1.1　钳工工作范围

　　钳工是以手工操作为主,使用各种工具来完成零件的加工、装配和修理等工作。由于钳工工具简单,操作灵活方便,还可以完成机械加工所不能完成的某些工作,因此,尽管钳工操作生产率低,劳动强度大,但在机械制造和修配中仍被广泛应用。

　　钳工的基本操作有:划线、錾削、锯割、锉削、刮削、研磨、钻孔、扩孔、铰孔、攻螺纹、套螺纹、装配和修理等。

10.1.2　钳工常用设备

　　钳工常用设备有钳工工作台、台虎钳、砂轮机等。

　　钳工工作台是木制的坚实的桌子,桌面一般用铁皮包裹。工作台应平稳牢固,且台面高度800～900mm为宜,台前装有防护网(板),工具、量具及工件须分类放置,如图10-1所示。

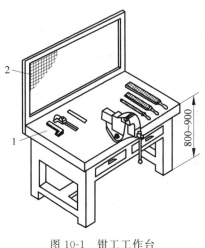

图 10-1　钳工工作台
1—量具;2—防护网

　　台虎钳固定在工作台上，用来夹持工件。台虎钳的外形如图 10-2 所示。其规格以钳口宽度表示，常用的有 100mm、127mm、150mm 三种规格。工件应尽量夹在钳口中部，以使钳口受力均匀；夹持工件的光洁表面时，应垫铜皮或铝皮用以保护工件表面。

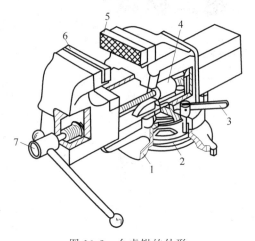

图 10-2　台虎钳的外形

1—转盘座；2—夹紧盘；3—夹紧手柄；4—螺母；5—固定钳口；6—活动钳口；7—丝杠

10.2　划　　线

　　在毛坯或半成品上，根据图样要求，划出加工图形或加工界线的操作称为划线。划线的作用是：划出加工线，作为加工依据；检查毛坯形状尺寸；合理分配加工余量。

10.2.1　划线前的准备

　　为了使工件表面划出的线条正确、清晰，划线前必须将工件表面清理干净，如锻、铸件表面的氧化皮、粘砂等都要去掉；半成品要去除毛刺，洗净油污；工件上的孔有的还要用木块或铅块塞住，以便定心划圆。然后，在划线表面上均匀涂色。锻铸件一般用石灰水，小件可涂粉笔；半成品涂蓝油或硫酸铜溶液。

10.2.2　划线工具及其用途

　　(1) 划线平板　划线平板是一块经过精刨或刮削加工的铸铁平板，如图 10-3 所示。它是划线工作的基准工具。平板安放要平稳牢靠，并保持水平。划线平板要均匀使用，以免局部地方磨凹。要经常注意保持清洁，不得撞击，不允许在平板上锤击工件。用毕要擦油防锈。若长期不用，则应用木板护盖。

　　(2) 划针及划线盘　划针是用来在工件表面上划线的工具。划线盘除了用于立体划线以外，还可以用作找正工件位置。它们的结构和使用如图 10-4 所示。

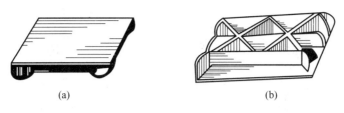

图 10-3　划线平板

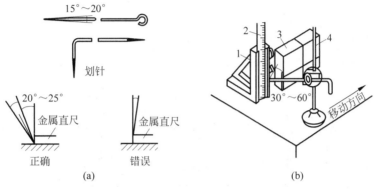

图 10-4　划针及划线盘的结构和使用

（a）用划针划线；（b）用划线盘划线

1—高度尺；2—金属直尺；3—工件；4—划线盘

（3）样冲　为了避免划出的线条被擦掉，要在划好的线条上用样冲打出均匀的样冲眼。在圆心上也要打样冲眼，便于钻孔时钻头对准。图 10-5 所示为样冲及用法。

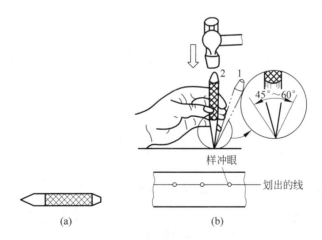

图 10-5　样冲及用法

（a）样冲；（b）样冲用法

1—对准位置；2—冲孔

（4）划规　划规是平面划线时的主要工具，如图 10-6 所示，可以用来在平面上划圆、量取尺寸及等分线段等。

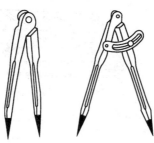

图 10-6 划规

（5）V 形块和千斤顶 V 形块和千斤顶都是用来支承工件的工具。圆形工件用 V 形块支承，较大工件用千斤顶支承，如图 10-7 所示。

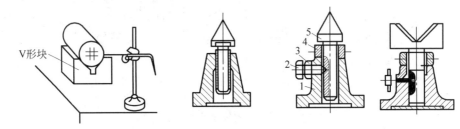

图 10-7 V 形块和千斤顶
1—底座；2—螺钉；3—锁紧螺母；4—螺母；5—螺杆

10.2.3 划线方法

划线有平面划线和立体划线两种。平面划线是在工件的一个表面上进行划线。立体划线则是在工件的几个不同表面上划线。平面划线和画工程图相似，所不同的是它用金属直尺、直角尺、划针和划规等工具在金属工件上作图。小批量生产中，为了提高效率，也常用划线样板来划线。

立体划线的方法以轴承座划线为例来说明，如图 10-8 所示。在划线操作时，应注意将工件支承平稳，各平行线应在一次支承中划全，避免再次调节支承补划，否则容易产生误差。

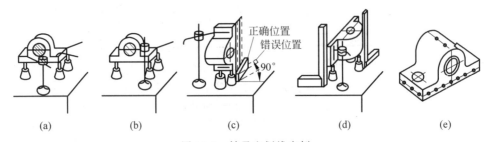

图 10-8 轴承座划线实例

（a）根据孔中心及上平面调节千斤顶，找正工件水平；（b）划出各水平线；（c）翻转 90°用直角尺找正，划线；
（d）工件再翻转 90°，用直角尺在两个方向找正，划线；（e）打样冲眼

10.3　锯　　割

用手锯切断材料或在工件上切槽的操作称为锯割。一般锯割的加工精度较低,锯割后需要进一步加工。

10.3.1　手锯

手锯是手工锯割的工具,它由锯弓和锯条两部分组成。

锯弓的前端有一固定夹头,后端有一活动夹头,两个夹头上都有一段垂直短销,锯条就挂在两端的销子上。旋紧后端元宝螺母就可将锯条拉紧。锯条安装要使锯齿向前,松紧适当,一般可用两个手指的力旋紧为止,最后还要检查是否歪斜,否则需校正。

锯条是由碳素工具钢制成,经淬火和低温回火处理后硬度较高,锯齿锋利,但脆性较大易断。常用的锯条长约 300mm,宽 13mm,厚 0.6mm。

锯条按齿距的大小分为粗齿(齿距 1.6mm)、中齿(齿距 1.2mm)、细齿(齿距 0.8mm)三种。粗齿用于锯割低碳钢、铜铝等非铁金属材料、塑料以及截面厚实的材料;细齿锯条适于锯割硬材料和薄壁管子等;加工普通钢材、铸铁及中等厚度的工件,多用中齿锯条。

为提高生产率,总是希望选用大齿距的粗齿锯条来锯削,一般锯条上同时工作的齿数以 2~4 个齿为宜。

10.3.2　锯割操作

被锯割的工件应夹牢在台虎钳的左边,锯缝尽量靠近钳口。起锯时,为了防止锯条滑动,可用左手拇指指甲靠稳锯条,起锯角应小于 15°。若起锯角过大,锯齿易崩碎;起锯角过小,锯齿不易切入,还有可能打滑,损坏工件表面。锯割时,锯弓作直线往复运动,右手推进左手施压。前进时加压,用力要均匀。返回时锯条从加工面上轻轻滑过。锯割开始和终了时压力都要小。锯割速度不宜太快,对硬材料速度更要慢些。锯缝如歪斜,不可强扭,应将工件转 90°重新再锯。锯条要用全长(至少占全长的 2/3)工作,以免中间部分被迅速磨钝。锯割较厚钢料时,可加润滑油冷却和润滑,以提高锯条寿命。锯割操作如图 10-9 所示。

10.3.3　典型锯割方法

(1) 锯型材　应从型材的较宽面下锯,这样锯缝整齐,深度较浅,锯条不易被卡住。

(2) 锯圆管　锯圆管应在管壁锯透时,将圆管向着推锯的方向转过一个角度再锯,这样可以减少锯条崩齿可能性,并能保持锯缝垂直。

(3) 锯薄板　锯薄板时,可将薄板两侧用木板夹住固定在钳口上锯割,或是多片叠在一起锯割,这样锯完后能使锯口保持不变形。

(4) 锯深缝　锯深缝时,当锯缝深度超过锯弓高度时,应将锯条转 90°安装,使锯弓放平使用。

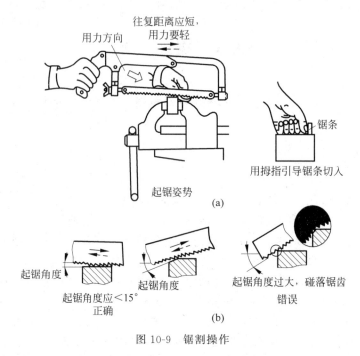

图 10-9　锯割操作

10.4　锉　　削

　　用锉刀对工件进行切削加工的操作称为锉削。锉削是钳工的主要操作,可加工平面、曲面、内外圆弧面及其他复杂表面。在部件或机器装配时,还用于修整工件。锉削加工尺寸精度可达 IT8~IT7,表面粗糙度值 Ra 可达 0.8~1.6μm。

10.4.1　锉刀

　　锉刀一般用碳素工具钢制造,其构造如图 10-10(a)所示。锉刀的锉齿一般是用剁齿机剁成并经热处理淬硬,其形状如图 10-10(b)所示。齿纹交叉排列,形成许多小齿,容易断屑和排屑,使锉削较为省力。

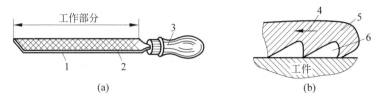

图 10-10　锉刀的构造

(a) 锉刀的组成;(b) 锉齿的形状

1—锉边;2—锉面;3—锉柄;4—切削方向;5—锉刀;6—容屑槽

按 10mm 长度范围内齿纹条数的多少,可将锉刀分为粗锉、中锉、细锉和油光锉。粗锉刀用于加工大余量的锉削或锉软金属;中锉刀用于粗锉后的加工;细锉刀用于加工余量小、表面粗糙度要求高的工件;油光锉用于精加工。

锉刀的大小以工作部分的长度表示,有 100mm、150mm、200mm、250mm、300mm 等规格。

常用的锉刀分为普通锉刀和整形锉刀两类。

普通锉刀具有长方形、方形、圆形、半圆形以及三角形等各种截面形状,分别应用在不同场合,如图 10-11 所示。整形锉很小,形状也很多,通常是 10 把一组,用于修整精密细小的零件。

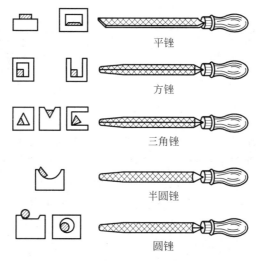

图 10-11　普通锉刀的种类和应用

10.4.2　锉削操作

锉削时必须正确掌握锉刀的握法和施力的变化。一般是右手握锉柄,左手压锉刀。根据锉刀大小和使用场合,有不同的姿势。使用大尺寸平锉刀时,右手紧握锉刀柄部,柄端抵住手掌,大拇指放在锉刀柄上部,其余手指握住锉刀柄。左手拇指指部压在锉刀头上并自然伸长,其余四指弯向手心,用中指、无名指按住锉刀前端,如图 10-12 所示。图 10-13 所示为中、小型锉刀的握法。

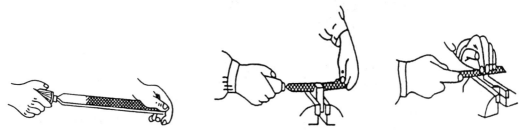

图 10-12　较大锉刀的握法　　　　　图 10-13　中、小型锉刀的握法

锉刀推进时,应保持在水平面内运动,两手施力的变化如图 10-14 所示。返回时,不加压力,以减少齿面磨损。如两手施力不变,则开始时刀柄会下偏,而在锉削终了,前端又会下垂,结果锉成两端低、中间凸的鼓形表面。

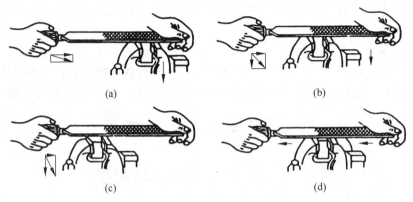

(a)　(b)

(c)　(d)

图 10-14　锉削平面时两手施力的变化

锉削的基本方法有交叉锉、顺向锉、推锉和滚锉等方法,如图 10-15 所示。交叉锉是先沿一个方向锉一层,然后再转 90°锉平。交叉锉切削效率较高,锉刀也容易掌握稳。加工余量较大时,最好先用交叉锉法。顺向锉是锉刀始终沿其长度方向锉削,一般用于最后的锉平或锉光。推锉时锉刀的运动方向与其长度方向相垂直。当工件表面基本锉平余量很小时,为了降低工件表面粗糙度值和修正尺寸,用推锉法较好。推锉法尤其适用于锉削较窄的表面。滚锉法用于锉削内外圆弧面和倒角。

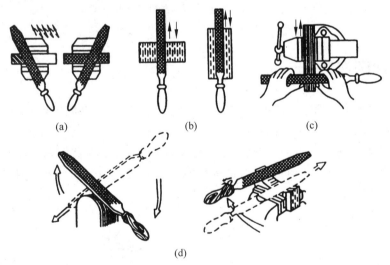

(a)　(b)　(c)

(d)

图 10-15　常用锉削方法

(a) 交叉锉法;(b) 顺向锉法;(c) 推锉法;(d) 滚锉法

工件锉平后可用各种量具检查尺寸和形状精度,图 10-16 所示为用直角尺检查工件的情况。

锉削是钳工操作的精加工工序,操作时更须仔细认真。合理装夹工件,正确选择锉刀,

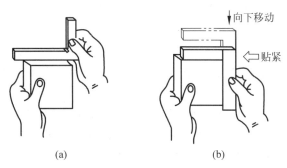

图 10-16　用直角尺检查平直度和直角度

（a）检查平直；（b）检查直角

都有利于保证和提高工件的加工质量。锉削时，仍需注意安全操作，如锉刀必须装柄才能使用；不用手摸工件表面和锉刀刀面；锻铸件表面的氧化皮和粘砂不得用锉刀敲打；锉刀刀齿堵塞后应用钢丝刷顺着齿纹方向刷除。

10.5　钻　　削

钻削是指用钻头在实体材料上加工出孔的方法。在钻床上钻孔，一般是工件固定不动，钻头装夹在钻床主轴上既作旋转运动（主运动），同时又沿轴线方向向下移动（进给运动）。钳工中的钻孔多用于装配和修理，也是攻螺纹前的准备工作。

10.5.1　钻头

麻花钻头是钻孔的主要工具，其外形如图 10-17 所示。直径小于 12mm 的一般是直柄钻头，大于 12mm 的为锥柄钻头。

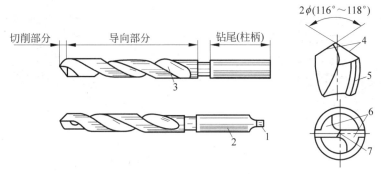

图 10-17　麻花钻头的外形

1—扁尾；2—锥柄；3—螺旋槽；4—主切削刃；5—刃带；6—主后面；7—横刃

麻花钻的工作部分包括导向和切削两部分。切削部分上的两切削刃担负着切削工作。为了保证孔的加工精度，两切削刃的长度及其与轴线的交角应相等。

10.5.2 钻床

钳工钻孔一般在台式钻床或立式钻床上进行,如果工件笨重或钻孔部位受到限制时,也常使用手电钻钻孔。

(1) 台式钻床 台式钻床又称台钻,其外形结构如图 10-18 所示。台钻是一种小型机床,安放在钳工台上使用。其钻孔直径一般在 M12 以下。由于加工的孔径较小,台钻主轴转速较高,最高时每分钟可近万转,故可加工 1mm 以下小孔。主轴转速一般用改变 V 带在带轮上的位置来调节。台钻的主轴进给运动由手动完成。台钻小巧灵便,主要用手加工小型工件上的各种孔。在钳工中台钻使用得最多。

(2) 立式钻床 立式钻床如图 10-19 所示,主要由机座、立柱、主轴、主轴变速箱、进给箱和工作台组成。电动机的运动通过主轴变速箱使主轴带动钻头旋转,并获得各种转速。进给箱内有进给变速机构,运动由主轴变速箱输入,经进给箱后可使主轴随着主轴套筒按需要的进给量作直线移动。利用手柄也可作手动进给。工作台用来直接装夹工件或其上放置台虎钳装夹工件。工作台和进给箱可沿立柱导轨上下移动,以适应不同尺寸工件的加工。主轴的位置是固定的,因此在加工不同位置的孔时,必须移动工件方可使钻头对准孔的位置。立式钻床常用于加工较大的孔,常用钻床规格的最大钻孔直径为 25mm、35mm、50mm 等。

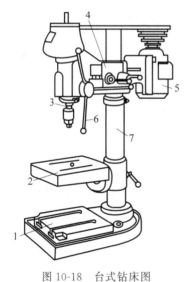

图 10-18 台式钻床图

1—机座;2—工作台;3—主轴;4—主轴架;5—电动机;
6—进给手柄;7—立柱

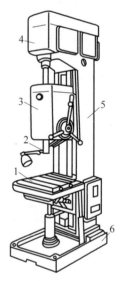

图 10-19 立式钻床

1—工作台;2—主轴;3—进给箱;4—主轴
变速箱;5—立柱;6—机座

(3) 摇臂钻床 摇臂钻床如图 10-20 所示,主要由机座、立柱、摇臂、主轴、主轴箱、工作台等部分组成。主轴箱安装在摇臂上,可在摇臂的水平导轨上移动,同时,摇臂可绕立柱回转,因此,主轴的位置可调整到机床可加工面积内的任何位置上,可方便对准工件上被加工孔的中心。因此,摇臂钻床适于加工大中型工件上直径小于 50mm 的孔或多孔工件。

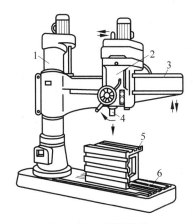

图 10-20　摇臂钻床

1—立柱；2—主轴箱；3—摇臂；4—主轴；5—工作台；6—机座

10.5.3　钻孔操作

（1）划线　先将工件划线定心。在工件孔的位置划出孔径圆和检查圆,并在孔径圆和中心冲出小坑,如图 10-21 所示。

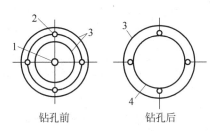

钻孔前　　　　　钻孔后

图 10-21　钻孔前的准备

1—定中心样冲眼；2—检查样冲眼；3—检查圆；4—钻出的孔

（2）钻头的装夹　根据工件孔径大小选择合适的钻头。检查钻头主切削刃是否锋利和对称,如不合要求,应认真修磨。装夹时,先轻轻夹住,开车检查是否偏摆,若有摆动,则停车纠正,最后用力夹紧。

（3）工件的夹持　工件大小、形状不同,装夹方式不同。一般可用手虎钳、平口钳、台虎钳装夹。在圆柱面上钻孔,应放在 V 形块上进行。较大工件可用压板螺钉直接装夹在机床工作台上。各种装夹方式如图 10-22 所示。

（4）按划线钻孔　先对准样冲重新冲孔纠正,也可以用錾子錾出几条槽来加以纠正。钻深孔时,钻头必须经常从孔中退出,以便排屑和冷却。进给速度要均匀,即将钻穿时,进给量要减小。钻韧性材料要加切削液。

（5）安全注意事项　钻孔时身体不要贴近主轴。不得戴手套,手中也不允许拿棉纱。切屑要用毛刷清理,不能用手抹或嘴吹。钻通孔时,工件下面要垫上垫块或把钻头对准工作台空槽。工件要注意夹牢。更换钻头必须等主轴停止转动。松紧夹头要用钥匙,不能用锤敲打。

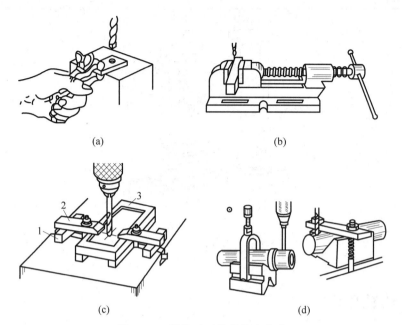

(a)　　　　　　　　　　　　　(b)

(c)　　　　　　　　　　　　　(d)

图 10-22　钻孔时工件的装夹方式

(a)用手虎钳夹持工件；(b)用平口钳夹持工件；(c)用压板螺钉夹持工件；(d)圆形工件的夹持方法

1—垫铁；2—压板；3—工件

10.6　攻螺纹和套螺纹

用丝锥在工件内孔加工出内螺纹的操作称为攻螺纹，用板牙加工外螺纹的方法称为套螺纹。

10.6.1　丝锥和铰杠

丝锥的结构如图 10-23 所示，它实际上是一段开槽的外螺纹。丝锥的工作部分包括切削部分和校准部分。

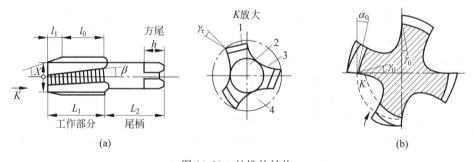

(a)　　　　　　　　　　　　　(b)

图 10-23　丝锥的结构

1—后面；2—心部；3—前面；4—容屑槽

切削部分磨成圆锥形,切削负荷实际分配在几个刀齿上。校准部分具有完整的齿形,用以校准修光已切出的螺纹,并引导丝锥沿轴向运动。丝锥有 3～4 条容屑槽,用于排除切屑。丝锥的柄部为方头结构,攻螺纹时用于传递力矩。

手用丝锥一般由两支组成一套,分为头锥和二锥。两支丝锥的外径、中径和内径是相等的,只是切削部分的长短和锥角不同。头锥的切削部分长,锥角小,约有 6 个不完整的切削齿,以便起切。二锥的切削部分短,而锥角大些,约有两个不完整切削齿。切削不通孔时,两支丝锥交替使用,以便攻螺纹到根部。切削通孔时,头锥能一次完成。螺距大于 2.5mm 的丝锥常制成三支一套。

铰杠是扳转丝锥的工具,如图 10-24 所示。常用的是可调节式,转动右边手柄或调节螺钉,即可调节方孔大小,以便夹持各种不同尺寸的丝锥。铰杠的规格要与丝锥大小相适应。小丝锥不宜用大铰杠,否则丝锥容易折断。

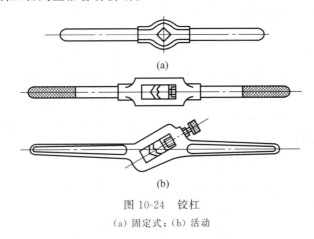

图 10-24　铰杠

（a）固定式；（b）活动

10.6.2　攻螺纹的操作方法

攻螺纹前必须钻螺纹底孔。因丝锥工作时除了切削金属以外,还有挤压作用,所以螺纹底孔的孔径应稍大于螺纹的内径,但不可超过螺纹的外径。钻底孔所用钻头可按经验公式计算选取。

螺纹螺距 $P \leqslant 1.5$mm 时,钻头直径 $d_z =$ 螺纹直径 d 为螺距 P;

螺纹螺距 $P > 1.5$mm 时,钻头直径: $d_z = d$ 为 $(1.04 \sim 1.08)P$。

部分普通螺纹加工前钻孔所用钻头的直径如表 10-1 所示。

表 10-1　普通螺纹加工前钻孔所用钻头的直径　　　　　　　　　　　　mm

螺纹直径 d	2	3	4	5	4	8	10	12	14	16	20	24
螺距 P	0.4	0.5	0.7	0.8	0.7	1.25	1.5	1.75	2	2	2.5	3
钻头直径 d_z	1.6	2.5	3.3	4.2	5.3	6.7	8.5	10.2	11.9	13.9	17.4	20

钻不通螺纹孔时,由于丝锥不能切到底,所以钻孔深度要大于螺纹长度,其大小按下式计算:孔的深度＝要求的螺纹长度＋0.7D,式中 D 为内螺纹大径。

　　攻螺纹操作方法如图 10-25 所示。将丝锥头部垂直放入孔内,左手握住手柄,右手握住铰杠中间,适当加些压力,食指和中指夹住丝锥,并沿顺时针转动,待切入工件 1~2 圈后,再用目测或金属直尺校准垂直,然后继续转动,直至切削部分全部切入后,即可用两手平衡地转动铰杠,不加压力旋到底。为了避免切屑过长而缠住丝锥,每转 1~1.5 圈后要轻轻倒转 1/4 圈,以便断屑和排屑。在钢料上攻螺纹时要加浓乳化液或润滑油,对铸铁件攻螺纹一般不加切削液,但若螺纹表面粗糙度值要求较小时,可加些煤油。

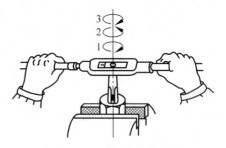

图 10-25　攻螺纹操作方法

10.6.3　板牙和板牙架

　　板牙的形状和螺母相似,只是靠近螺纹外径处钻了几个排屑孔,并形成切削刃,如图 10-26 所示。圆板牙的外圆表面有四个锥坑,两个用于将板牙夹持在板牙架内,以传递扭矩,另外两个对板牙中心有些偏斜,当板牙磨损后可沿板身 V 形槽锯开,拧紧板牙架上的调整螺钉,使板牙螺纹孔的尺寸作微量缩小,以补偿尺寸磨损。板牙两端带有 2ϕ 锥角的部分是切削部分,中间一段是校准部分。

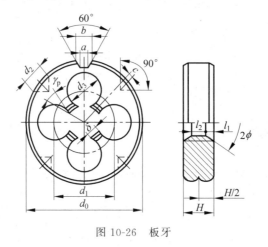

图 10-26　板牙

　　板牙架的外形结构如图 10-27 所示。板牙安装在板牙架的圆孔内,四周有固定和调整螺钉。为了减少板牙架的数目,在一定的螺纹直径范围内,板牙的外径相等。

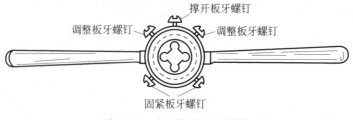

图 10-27　板牙架的外形结构

10.6.4　套螺纹操作方法

套螺纹和攻螺纹一样，工件材料将受到挤压而凸出，所以圆杆的直径应比螺纹外径小 0.2～0.4mm。也可由经验公式计算：圆杆直径 $d_g=$ 螺纹大径 $d-0.13P$。

套螺纹的圆杆端头需倒角。倒角要超过螺纹全深，即圆杆小端直径小于螺纹的内径。套螺纹时，板牙端面应与圆杆外圆柱面垂直。开始转动板牙架时，要稍加压力，当板牙已进入圆杆后，就不再加压，只需均匀旋转。为了断屑，通常板牙正转 0.5～1 圈后，倒转 1/4 圈，如图 10-28 所示。钢件套螺纹时要加切削液，以提高工件质量和延长板牙寿命。

图 10-28　套螺纹

10.7　装配和拆卸

装配是把合格的零件按规定的技术要求连接组装起来，并经检验和调试使之成为合格产品的工艺过程。它是制造机器的重要阶段，是产品制造过程中的最后环节。装配质量的好坏对机器的性能和使用寿命影响很大。

任何一台机器都可以划分为若干个零件、组件和部件。相应的装配有组件装配、部件装配和总装配之分。组件装配是将若干个零件安装在一个基础零件上而构成组件，例如减速箱的轮系装配。部件装配是将若干个零件、组件安装在另一个基础零件上而构成部件，例如减速箱就是部件装配。总装配是将若干个零件、组件、部件安装在另一个较大、较重的基础零件上而构成产品，例如车床即是由多个箱体等零件安装在床身上而构成。装配是机器制造中的最后一道工序，对产品质量有决定性的影响。

10.7.1　对装配工作的要求

1. 装配前的准备

(1) 研究装配图的技术条件，了解产品的结构和零件的作用以及相互连接的关系。

(2) 确定装配的方法、程序和所需工具。

(3) 领取和清洗零件，清洗时，用柴油、煤油去掉零件上的锈蚀、切削沫、油污及其他脏物，然后涂上一层润滑油。

2. 对装配工作的要求

(1) 装配时，应检查零件上与装配有关的形状和尺寸精度是否合格，检查有无变形、损坏等。应注意零件上的各种标记，防止错装。

（2）固定连接的零、部件，不允许有间隙。活动的零件，能在正常的间隙下，灵活均匀地按规定方向运动。

（3）各种运动部件的接触表面，必须保证充足的润滑，若有油路，必须畅通。

（4）各种管道和密封部件，装配后不得有渗漏现象。

（5）高速运动机构的外面，不得有凸出的螺钉头、销钉头等。

（6）试车前，应检查各部件连接的可靠性和运动的灵活性，检查各种变速和变向机构的操纵是否灵活，手柄位置是否在合适的位置，试车时，从低速到高速逐步进行，并且根据试车情况，进行必要的调试，使其达到运转的要求，但是要注意不能在运转时进行调整。

10.7.2　常用的装配方法

为了使装配产品符合技术要求，对不同精度的零件装配，采用不同的装配方法。常用的装配方法有：完全互换法、选配法、修配法和调整法。

1. 完全互换法

在同类零件中，任取一件不需经过其他加工，就可以装配成符合规定要求的部件或机器，零件的这种性能称互换性。具有互换性的零件，可以用完全互换法进行装配，如自行车的装配方法。完全互换法操作简单，生产效率高，便于组织流水作业，零件更换方便。但对零件的加工精度要求比较高，一般在零件生产中需要专用工、夹、模具来保证零件的加工精度，适合大批量生产。

2. 选配法（分组装配法）

在完全互换法所确定的零件的基本尺寸和偏差的基础上，扩大零件的制造公差，以降低制造成本。装配前，可按零件的实际尺寸分成若干组，然后将对应的各组进行装配，以达到配合要求，例如，内燃机活塞销与活塞销孔的配合、车床尾座与套筒的配合。选配法可提高零件的装配精度，而且不增加零件的加工费用。这种方法适用于成批生产中某些精密配合处。

3. 修配法

在装配过程中，修去某一预先规定零件上的预留量，以消除积累误差，使配合零件达到规定的装配精度，例如，车床的前后顶尖中心要求等高，装配时可将尾座底座精磨或修刮来达到精度要求。采用修配法装配，扩大了零件的公差，从而降低生产成本，但装配难度增加，时间增长，在单件小批量生产中应用很广。

4. 调整法

装配中还经常利用调整件（如垫片、调整螺钉、楔形块等）的位置，以消除相关零件的积累误差来达到装配要求，例如，用楔铁调整机床导轨间隙。调整法装配的零件不需要进行任何加工，同样可以达到较高的装配精度。同时还可以进行定期地再调整，这种方法多用于中小批量生产或单件生产。

10.7.3　基本元件的装配

1. 紧固零件装配

紧固连接分为可拆卸与不可拆卸两类。可拆卸连接是指拆开连接时零件不会损坏,重新安装仍可使用的连接方式。生产中常用的有螺纹、键、销等连接,如图 10-29 所示;而不可拆卸连接为铆接、焊接和胶接等。

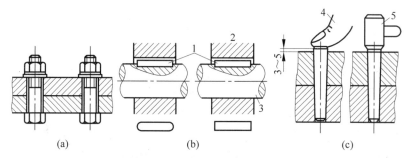

图 10-29　可拆卸连接

(a) 螺纹连接;(b) 键连接;(c) 销连接

1—键;2—毂;3—轴;4—手指;5—锤子

用螺栓、螺母连接零件时,要求各贴合表面平整光洁,清洗干净,然后选用合适尺寸的螺钉旋具或扳手旋紧。松紧程度必须合适,若用力太大,会出现螺钉拉长或断裂、螺纹面拉坏、滑牙,使机件变形;若用力太小,则不能保证机器工作时的稳定性和可靠性。如果装配成组螺栓、螺母时,应按图 10-30 所示的顺序分 2~3 次旋紧,以保证零件贴合面受力均匀,不至于个别螺栓过载。

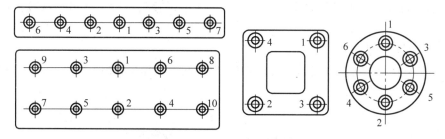

图 10-30　成组螺母旋紧顺序

用平键连接时,键与轴上键槽的两侧面应留一定的过盈量。装配前,去毛刺、配键、洗净加油,将键轻轻敲入槽内并与底面接触,然后试装轮子。轮毂上的键槽若与键配合过紧,则需修整键槽,但不能有松动,键的顶面与槽底间留有间隙。

用铆钉连接零件时,在被连接的零件上钻孔,插入铆钉,用顶模支持铆钉的一端,另一端用锤子敲打,如图 10-31 所示。

1) 螺纹连接的装配

螺纹连接是机器装配中最为常用的可拆卸连接,装配时应注意以下几点:

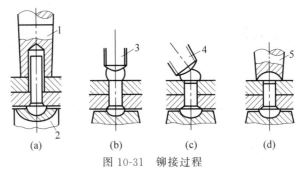

图 10-31　铆接过程

（a）定位；（b）镦粗；（c）修整；（d）模压

1—镦紧工具；2—顶模；3,4—锤子；5—罩模

（1）螺纹配合应做到用手能自由旋入，过紧则会咬坏螺纹，过松受力后螺纹容易断裂。

（2）螺栓、螺母端面应与螺纹轴线垂直，以使受力均匀。

（3）零件与螺栓、螺母的配合面应平整光洁，否则易松动。为了提高贴合质量，可加平垫片。

（4）装配成组螺钉螺母对时，为了保证零件的贴合面受力均匀，应按一定顺序拧紧，如图 6-27 所示。而且不要一次完全旋紧，应按图中顺序分两次或三次旋紧。

2）键连接的装配

键连接是用于传动扭矩的连接，如轴和轮毂的连接。装配键时应注意：

（1）键的侧面是传递扭矩的工作表面，一般不应修锉。键的顶部与轮毂间应有 0.1mm 左右间隙，如图 10-32 所示。

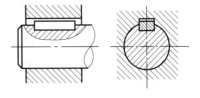

图 10-32　键连接

（2）键连接的装配顺序是：先将轴与孔试配，再将键与轴及轮毂孔的键槽试配，然后将键轻轻打入轴的键槽内，最后对准轮毂孔的键槽将带键的轴推进轮孔中，如配合较紧，可用铜棒敲击进入或用台钳压入。

3）销连接的装配

销连接主要用来定位或传递不大的载荷，有时起保护作用，如图 10-33 所示。常用的销分为圆柱销和圆锥销两种。

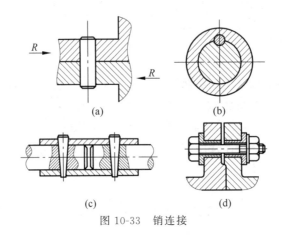

图 10-33　销连接

销连接装配时,被连接的两孔需同时钻、铰,销孔实际尺寸必须保证销打入时有足够的过盈量。圆柱销依靠其少量的过盈固定在孔中。装配时,在销表面涂上机油,用铜棒轻轻打入。圆柱销不宜多次装拆,否则影响定位精度或连接的可靠性。

2. 滚珠轴承装配

滚珠轴承装配是用锤子或压力机压装。但轴承结构不同,安装方法有所区别。若将轴承装在轴上,要加力于内圈端面,如图 10-34(a)所示。若压到基座孔中时,则要加力作用在外圈端面,如图 10-34(b)所示。若同时压到轴上和基座孔中,则应加力作用在内、外圈端面,如图 10-34(c)所示。若要求配合很紧,则可把轴承放在 80～90℃的全损耗系统在油中加热然后套入轴中。热套法质量较好,应用较广。

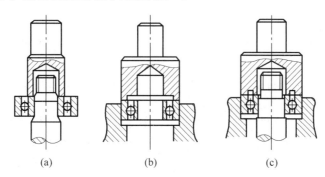

(a)　　　　　　(b)　　　　　　(c)

图 10-34　滚珠轴承装配

(a) 施力于内圈端面；(b) 施力于外圈端面；(c) 同时施力于内、外圈端面

10.7.4　极限和配合

1. 基本概念

(1) 配合制　同一极限制的孔和轴组成配合的一种制度,称为配合制。

(2) 轴　通常,指工件的圆柱形外表面,包括非圆柱形外表面(由二平行平面与切面形成的被包容面)。

(3) 基准轴　在基轴制配合中选作基准的轴,即上偏差为零的轴。

(4) 孔　通常指工件的圆柱形内表面,也包括非圆柱形内表面(由二平行平面或切面形成的包容面)。

(5) 基准孔　在基孔制配合中选作基准的孔,即下偏差为零的孔。

(6) 尺寸　以特定单位表示线性尺寸值的数值。

① 基本尺寸　通常它应用上、下偏差可算出极限尺寸的尺寸。

② 实际尺寸　通过测量获得的某一孔、轴的尺寸。

③ 局部实际尺寸　一个孔或轴的任意截面中的任一距离,即任何两相对点之间测得的尺寸。

④ 极限尺寸　一个孔或轴允许的尺寸的两个极端,实际尺寸也应位于其中,也可达到极限尺寸。

⑤ 最大极限尺寸　孔或轴允许的最大尺寸。

⑥ 最小极限尺寸　孔或轴允许的最小尺寸。

(7) 极限制　经标准化的公差与偏差制度。

(8) 零线　在极限与配合图解中,表示基本尺寸的一条直线,以其为基准确定偏差和公差。通常,零线沿水平绘制,正偏差位于其上,负偏差位于其下。

(9) 偏差　某一尺寸(实际尺寸,极限尺寸等)减其基本尺寸所得的代数差。

① 极限偏差　上偏差和下偏差。

② 上偏差(ES,es)　最大极限尺寸减其基本尺寸所得的代数差。

③ 下偏差(EI,ei)　最小极限尺寸减其基本尺寸所得的代数差。

④ 基本偏差　如图 10-35 所示,确定公差带相对零线位置的那个极限偏差(可以是上偏差或下偏差,一般是靠近零线的那个偏差)。

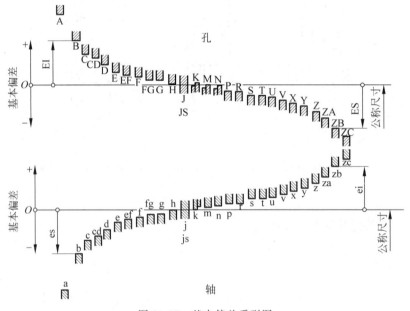

图 10-35　基本偏差系列图

(10) 尺寸公差(简称公差)　最大极限尺寸减最小极限尺寸之差,或上偏差减下偏差之差。它是允许尺寸的变动量。(尺寸公差是一个没有符号的绝对值)

① 标准公差(IT)　本标准极限与配合制中,所规定的任一公差(字母 IT 为"国际公差"的符号)。

② 标准公差等级　在本标准极限与配合制中,同一公差等级对所有基本尺寸的一组公差被认为具有同等精度。

③ 公差带　在公差带图解中,由代表上偏差和下偏差或最大极限尺寸和最小极限尺寸的两条直线所限定的一个区域。它是用公差大小和其相对零线的位置来确定。

④ 基准公差带因子(I,i)　在本标准极限与配合制中,用以确定标准公差的基本单位,该因子是基本尺寸的函数。标准公差因子 i 用于基本尺寸至 500mm,标准公差因子 I 用于基本尺寸大于 500mm。

（11）间隙　孔的尺寸减去相配合的轴的尺寸之差为正。

① 最小间隙　在间隙配合中,孔的最小极限尺寸减轴的最大尺寸之差。

② 最大间隙　在间隙配合或过渡配合中,孔的最大极限尺寸减轴的最大极限尺寸之差。

（12）过盈　孔的尺寸减去相配合的轴的尺寸之差为负。

① 最小过盈　在过盈配合中,孔的最大极限尺寸减轴的最小极限尺寸之差。

② 最大过盈　在过盈配合或过渡配合中,孔的最小极限尺寸减轴的最大极限尺寸之差。

（13）配合　基本尺寸相同的、相互结合的孔和轴公差带之间的关系。

① 间隙配合　具有间隙(包括最小间隙等于零)的配合。此时,孔的公差带在轴的公差带之上。

② 过盈配合　具有过盈(包括最小过盈等于零)的配合。此时,孔的公差带在轴的公差带之下。

③ 过渡配合　可能具有间隙或过盈的配合。此时,孔的公差带与轴的公差带相互交叠。

④ 配合公差：组成配合的孔、轴公差之和。它是允许间隙或过盈的变动量。(配合公差是一个没有符号的绝对值)

⑤ 配合制　同一极限制的孔和轴组成配合的一种制度。

⑥ 基轴制配合　基本偏差为一定的轴的公差带。与不同基本偏差的孔的公差带形成各种配合的一种制度。对本标准极限与配合制,是轴的最大极限尺寸与基本尺寸相等,轴的上偏差为零的一种配合制。

⑦ 基孔制配合　基本偏差为一定的孔的公差带。与不同基本偏差的轴的公差带形成各种配合的一种制度。对本标准极限和配合制,是孔的最小极限尺寸与基本尺寸相等,孔的下偏差为零的一种配合制。

（14）最大实体极限(MML)　对应于孔或轴最大实体尺寸的极限尺寸。即轴的最大极限尺寸,孔的最小极限尺寸。最大实体尺寸是孔或轴具有允许的材料量为最多时的极限尺寸。

（15）最小实体极限(LML)　对应于孔或轴最小实体尺寸的那个极限尺寸,即轴的最小极限尺寸,孔的最大极限尺寸。最小实体尺寸是孔或轴具有允许的材料为最少时的极限尺寸。

（16）最大实体状态(简称 MMC)和最大实体尺寸　孔和轴具有允许的材料量为最多时的状态,称为最大实体状态(MMC)。在此状态下的极限尺寸,称为最大实体尺寸,它是孔的最小极限尺寸和轴的最大极限尺寸的统称。

（17）最小实体尺寸(简称 LMC)和最小实际尺寸　孔或轴具有允许的材料量为最少时的状态(LMC),在此状态下的极限尺寸,称为最小实体尺寸,它是孔的最大极限尺寸和轴的最小极限尺寸的统称。

（18）孔或轴的作用尺寸　在配合面的全长上,与实际孔内接的最大理想轴的尺寸,称为孔的作用尺寸;与实际轴外接的最小理想尺寸,称为轴的作用尺寸。

（19）实际偏差　实际尺寸减其基本尺寸所得的代数差。偏差可以为正、负或零值。

2. 孔和轴的定义

孔和轴的定义内容分为两部分：圆柱形的表面、非圆柱形的表面对于孔内表面，由二平行平面形成的包容面为孔；内表面，由切面形成的包容面为孔。

对于轴：外表面，由两平行平面形成的被包容面为轴；外表面，由切面形成的被包容面为轴。

从加工过程看，被切削加工对象的材料越来越少，即尺寸越来越小，则是轴；加工中尺寸越来越大，则是孔。

从测量所用量具来看，如果用塞规或量具的内测量爪、内测量具去检验，则是孔；用环规、卡规、量具的外测量具去检验，则是轴。

从两者关系看，被包容件是轴，包容件是孔。不形成包容、被包容关系的，既不是轴，也不是孔。

3. 孔轴基本偏差代号

1) 对于孔用大写字母

A,B,C,CD,D,E,EF,F,FG,G,H,——上偏差(用于动配合)；

J,JS,L,M,N,P,R,S,T,U,V,X,Y,Z,ZA,ZB,ZC——下偏差(用于过渡配合和过盈配合)。

2) 对于轴用小写字母

a,b,c,cd,d,e,ef,f,fg,g,h,——上偏差(用于动配合)；

j,js,l,m,n,p,r,s,t,u,v,x,y,z,za,zb,zc——下偏差(用于过渡配合和过盈配合)；

孔的上偏差 ES；

孔的下偏差 EI；

轴的上偏差 es；

轴的下偏差 ei。

配合分基孔制配合和基轴制配合；一般情况下，优先选用基轴制配合(加工孔比加工轴困难)；如有特殊需要，允许将任一孔、轴公差带组成配合。

4. 标准公差等级选用原则

第一，应根据适用性和经济性的原则选用标准公差等级。对机械设备来说，首先要保证它的使用功能，其零件的尺寸精度直接影响到设备的使用功能。对于一台设备来说，零件的尺寸太高，其功能过剩；零件的尺寸精度太低，其功能不足。功能不足的设备不能用，功能过剩的造成浪费。所以，零件的尺寸精度要适中，要与设备的适用性匹配。第二，零件的尺寸精度越高，其制造成本也高。所以，在满足适用性的前提下，尽可能选择较低的公差等级。

10.7.5　对拆卸工作的要求

在进行设备检修时，除拆开并卸下待修零件或装置，拆卸时还应注意以下要求：

(1) 机器拆卸工件，应按其结构的不同，预先考虑操作程序，以免先后倒置，或贪图省事猛拆猛敲,造成零件的损伤或变形。

(2)拆卸的顺序,应与装配的顺序相反,一般应先拆外部附件,然后按总成、部件进行。

(3)在拆卸部件或组时,应按从外部到内部,从上部拆到下部的顺序,依次拆卸。

(4)拆卸时,使用的工具必须保证对合格零件不会发生损伤(尽可能使用专用工具)。严禁用硬手锤直接在零件的工作表面上敲击。

(5)拆卸时,零件的回松方向(左、右螺纹)必须辨别清楚。拆下的部件和零件,必须有次序、有规则地放好,并按原来结构套在一起,配合件做上记号,以免搞乱。对丝杠、长轴类零件必须用绳索将其吊起,并且用布包好,以防弯曲变形和碰伤。

第 3 篇

数控加工与特种加工技术

　　本篇主要讲述数控加工的基本原理、数控机床的基本特点、数控机床程序的编写等内容,着重对数控车床、数控铣床、数控电火花线切割加工机床(本篇的编程在特种加工部分讲解)的编程和操作进行介绍;特种加工部分主要讲述电火花加工、电火花线切割加工、激光加工、快速成型技术(3D打印技术)以及其他特种加工方法的基本原理、基本设备、主要特点和应用。

数控加工技术  第11章

11.1 数控加工概述

数控技术是一种采用计算机对机械加工过程中各种控制信息进行数字化处理、运算,并通过高性能的驱动单元,对机械执行构件进行自动化控制的高新技术。国家标准定义为:"用数字化信号(数字、字母和符号)对机床运动及其加工过程进行控制的一种方法",简称数控(NC)。数控加工技术是应用装备了数控系统的机械加工设备进行加工的技术。

1948 年美国的一个小型飞机工业承包商帕森斯公司(Parsons Co.)在制造直升机的转动机翼时,提出了采用电子计算机对加工轨迹进行控制和数据处理的设想,并与美国麻省理工学院合作,于 1952 年研制出世界上第一台三坐标数控铣床,使得加工精度达到 ±0.0015mm。1954 年底,在 Parsons 专利的基础上,第一台工业用 NC 机床由美国 Bendix 公司生产出来,这是一台实用化的 NC 机床,控制系统采用的是电子管。

从 1952 年至今,NC 机床按 NC 系统的发展经历了分别由电子管、晶体管、小规模集成电路、通用小型计算机、微处理器、PC 机组成 NC 系统六代,使数控系统由硬件 NC 发展到计算机数控(CNC)。随着计算机技术和网络技术的发展,数控技术向运行高速化、加工高精度化、高效化、多功能化、复合化和控制智能化方向发展。

11.2 数控加工原理

数控机床加工的基本工作原理是将加工过程所需的各种操作(如主轴变速、工件夹紧、进给、起停、刀具选择、冷却液供给等)步骤以及工件的形状尺寸(即零件的几何信息和工艺信息)用程序——数字化的代码来表示,再由计算机的数控装置对这些输入的信息进行处理和运算。把刀具与工件的运动坐标分割成一些最小单位量,即最小位移量,然后由数控系统按照零件程序的要求控制机床伺服驱动系统,使坐标移动若干个最小位移量,从而实现工件与刀具之间的相对运动,以完成零件的加工。当被加工工件改变时,除了重新装夹工件和更换刀具外,只需更换程序。数控机床的工作原理如图 11-1 所示。

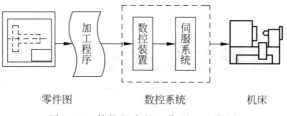

图 11-1　数控机床的工作原理示意图

11.3　数控机床的组成与分类

数控机床的组成如图 11-2 所示。

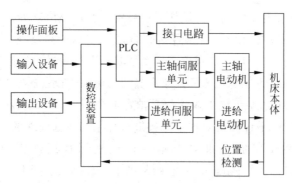

图 11-2　数控机床的组成

数控机床主要由计算机数控装置、伺服单元、驱动装置、检测装置、操作面板、控制介质和输入/输出设备、可编程控制器(PLC)、机床 I/O 接口电路、机床本体等组成。

数控机床品种齐全,规格繁多,可以从多种角度对数控机床进行分类。

1. 按工艺用途分类

(1) 金属切削类数控机床　包括数控车床、数控铣床、数控钻床、数控镗床及数控磨床等。加工中心是一种带有刀库和自动换刀装置的数控机床。典型的有镗铣加工中心和车削加工中心。

(2) 金属成型类数控机床　包括数控冲床、数控弯管机等。

(3) 数控特种加工机床　包括数控线切割机床、数控激光切割机床等。

2. 按运动控制的方式分类

(1) 点位控制数控机床　这类机床只控制运动部件从一点移动到另一点的准确定位,在移动过程中不进行加工,对两点间的移动速度和运动轨迹没有严格要求。

(2) 直线控制数控机床　直线控制数控机床不仅要控制点的准确定位,而且要控制刀具(或工作台)以一定的速度沿与坐标轴平行的方向进行切削加工。

（3）轮廓控制数控机床　轮廓控制数控机床能够对两个或两个以上运动坐标的位移及速度进行连续相关的控制，使合成的平面或空间的运动轨迹能够满足零件轮廓的要求。

3. 按伺服系统的类型分类

（1）开环控制系统数控机床　开环控制系统没有位置检测元件，伺服驱动部件通常为步进电动机。

（2）闭环控制系统数控机床　闭环控制系统带有直线位移检测装置，直接对工作台实际位移量进行检测，伺服驱动部件通常采用直流伺服电动机或交流伺服电动机。

（3）半闭环控制系统数控机床　这种机床将检测元件安装在丝杠轴端或电动机轴端，测量伺服机构中电动机或丝杠的转角，来间接测量工作台的位移。

4. 按数控装置的功能水平分类

（1）低档数控机床　低档数控机床又称经济型数控机床，一般由单板机与步进电动机组成，功能简单，价格低。其技术指标为：脉冲当量 $0.01 \sim 0.005$mm，快进速度 $4 \sim 15$m/min，步进电动机驱动，用数码管或简单 CRT 显示，主 CPU 一般为 8 位或 16 位。

（2）中档数控机床　中档数控机床的技术指标为：脉冲当量 $0.005 \sim 0.001$mm，快进速度 $15 \sim 24$m/min，伺服系统为半闭环直流或交流伺服系统，有较齐全的 CRT 显示，可显示字符和图形，具有人机对话、自诊断等功能，主 CPU 一般为 8 位。

（3）高档数控机床　高档数控机床的技术指标为：脉冲当量 $0.001 \sim 0.0001$mm，快进速度 $24 \sim 100$m/min，伺服系统为闭环直流或交流伺服系统，CRT 显示除具备中档的功能外，还具有三维图形显示等，主 CPU 一般为 32 位或 64 位。

11.4　常用数控系统简介

1）FANUC 系统

FANUC 系统具有高可靠性及完整的质量控制体系，故障率低，操作简便，易于故障的诊断和维修，在我国市场的占有率是最高的。FANUC 系统现有 0D 系列、0C 系列、0i 系列、0i Mate 系列、CNC16i/18i/21i 系列等。其中 0i Mate-TC、0i -TC 用于车床，0i Mate-MC、0i -MC 用于铣床及小型加工中心。

2）SIEMENS 系统

SIEMENS 系统采用模块化结构设计，经济性好，具有优良的机床使用性，具有与上一级计算机通信的功能，易于进入柔性制造系统，编程简单，操作方便。目前推出的控制系统主要 840D、840C、810D、802D、802C、802S 等。

3）其他系统

目前国内所用的进口系统还有日本的三菱系统、西班牙的 FAGOR 系统、NUM 系统、Allen-Bradley 系统等。国产系统主要有广州数控系统、华中数控系统、北京航天数控系统等。

11.5 数控机床编程基础

制备数控加工程序的过程称为数控编程,数控编程方法分为手工编程和自动编程两种。手工编程就是从分析零件图样、确定工艺过程、计算数值、编写零件加工程序单、制备控制介质到校验程序都由人工完成。自动编程即用计算机自动编制数控加工程序,编程人员根据加工零件图纸的要求,进行参数选择和设置,由计算机自动进行数值计算、后置处理,生成零件加工程序单,直至将加工程序通过直接通信的方式送入数控机床,控制机床进行加工。

1. 数控编程的主要内容与步骤

根据零件图分析零件图样,确定加工工艺过程;数值计算;编写零件加工程序;制作控制介质或输入程序;校对程序及首件试切。

2. 程序的结构

一个完整的程序由程序号、程序内容和程序结束三部分组成。

1)程序号

程序号即为程序的开始部分,为了区别存储器中的程序,每个程序都要有程序编号,在编号前采用程序编号地址码。如在 FANUC 系统中,采用英文字母"O"作为程序编号地址,其他系统有采用"%"或":"等。

2)程序内容

程序内容是整个程序的核心,由许多程序段组成,每个程序段由一个或多个指令组成,表示数控机床要完成的全部动作。

3)程序结束

程序结束是以程序结束指令 M02 或 M30 作为整个程序结束的符号,结束整个程序。

3. 程序段格式

程序段格式是指一个程序段中字、字符、数据的书写规则,通常有字-地址程序段格式,使用分隔符的程序段格式和固定程序段格式,最常用的为字-地址程序段格式,其中的功能字及其功能如表 11-1 所示。

表 11-1　功能字及其功能

N	G	X	Y	Z	F	S	T	M	LF
程序段号字	准备功能字	尺寸字	尺寸字	尺寸字	进给功能字	主轴转速功能字	刀具功能字	辅助功能字	程序段结束

(1)程序段号字是用于识别程序段的编号,由地址码 N 和后面的若干位数字组成。

(2)准备功能字是使数控机床做好某种操作准备的指令,用地址 G 和两位数字表示,

G00～G99 共 100 种。

（3）尺寸字由地址码、"＋""－"符号及绝对（或增量）数值构成。尺寸字的地址码有 X，Y，Z，U，V，W，P，Q，R，A，B，C，I，J，K，D，H 等，分别表示坐标值及圆弧中心坐标等。

（4）进给功能字 F 表示刀具中心运动时的进给速度。由地址码 F 和后面若干位数字构成。

（5）主轴转速功能字 S 表示主轴转速，S800 表示主轴转速为 800r/min。

（6）刀具功能字表示指定的刀号，如 T03 表示指定第三号刀具。

（7）辅助功能字表示机床的一些辅助性指令，有 M00～M99 共 100 种。

（8）程序段结束，写在每一程序段后，表示程序段结束，用 ISO 码时，结束符用"NL"或"LF"，也有用"＊""；"等符号作为结束符，有的直接回车即可。

4. 机床坐标系与运动方向

1）坐标和运动方向命名的原则

不论在加工中是刀具移动，还是被加工工件移动，一般都规定刀具相对于静止的工件运动。

2）坐标系和运动方向的规定

为了确定机床的运动方向和移动的距离，要在机床上建立一个坐标系，这个坐标系就是机床坐标系。在编程时，以该坐标系来规定运动的方向和距离，同时确定工件坐标系。数控机床上的坐标系采用右手笛卡儿直角坐标系（图 11-3）。对运动方向的规定是：机床某一部件运动的正方向是增大工件和刀具之间距离的方向。

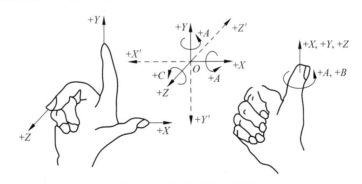

图 11-3　笛卡儿直角坐标系

5. 数控系统的准备功能和辅助功能

1）准备功能

准备功能又称 G 功能或 G 代码，它是使机床或数控系统建立起某种加工方式的指令。G 代码分为模态代码（又称续效代码）和非模态代码。模态代码是该代码出现后一直有效，直到出现同组的另一个代码时才失效。而非模态代码是该代码只有在写有该代码的程序段中才有效。常用的 G 代码如表 11-2 所示。

表 11-2　常用的 G 代码

指令代码	模态	非模态	组别	功能		开机默认状态
G00	*			定位(快速进给)		*
G01	*		01	直线插补(切削进给)		
G02	*			顺时针方向圆弧插补		
G03	*			逆时针方向圆弧插补		
G04		*	00	暂停		
G17	*			工作台平面坐标	XY 平面选择	*
G18	*		02		ZX 平面选择	
G19	*				YZ 平面选择	
G28			00	返回到参考点		
G30				返回第二参考点		
G33	*		01	螺纹加工		
G90	*		03	绝对值输入		*
G91	*			增量值输入		
G98	*		05	进给速度,mm/min		
G99	*			进给量,mm/r		*

2) 辅助功能

辅助功能又称 M 功能或 M 代码,是控制机床或系统开关状态的一种功能,如冷却泵开与停、主轴正转与反转、程序结束等。常用的 M 代码如表 11-3 所示。

表 11-3　常用的 M 代码

代码	功能开始时间		模态	非模态	功能
	与运动指令同时开始	运动指令完成后开始			
M00		*		*	程序暂停
M01		*		*	程序选择停
M02		*		*	程序结束
M03	*		*		主轴顺时针方向转动
M04	*		*		主轴逆时针方向转动
M05		*	*		主轴停止
M06				*	换刀
M08	*		*		冷却液开
M09		*	*		冷却液关
M19				*	主轴定向停止
M30		*		*	程序结束返回第一句

11.6　XY 数控工作台基本操作

XY 数控工作台是许多机电一体化系统的基本组成部件,如车、铣、钻、激光加工等各种数控设备。XY 系列运动平台按照工业标准设计,采用工业级零部件制造。

1. XY 数控工作台的组成

XY 数控工作台由机械本体和控制系统两部分组成。其中机械本体是数控工作台的机械部分,采用模块化拼装,其主体由两个直线运动单元组成。每个直线运动单元主要包括工作台面、滚珠丝杠、导轨、轴承座、基座等部分,如图 11-4 所示。XY 数控平台的控制系统主要由普通 PC 机、电控箱、运动控制卡、伺服电动机及相关软件组成,电控箱内装有交流伺服驱动器、开关电源、断路器、接触器、运动控制器端子板和按钮开关等。伺服电动机采用富士交流伺服电动机。用笔架代替刀架,用圆珠笔模拟刀具在工作台上的纸上画出运动轨迹。

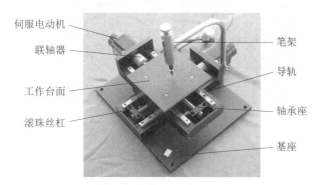

图 11-4　XY 数控工作台机械本体

2. 数控工作台控制软件的操作

通用数控系统是数控工作台的控制软件,是基于 Windows 操作系统的一套开放式数控系统,本系统的运动控制器采用数字信号处理器(DSP)和大规模可编程逻辑器件(CPLD)相结合的结构,DSP 主要处理轨迹规划,CPLD 用于实现位置计数器等数字接口电路。该系统纯软件操作,界面友好,如图 11-5 所示。

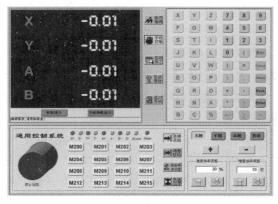

图 11-5　通用数控系统界面面

通用控制系统软件包含三个主要功能模块：程序编辑、手动控制、自动加工。

1) 程序编辑

单击标签栏"程序编辑"图标按钮,即进入程序编辑模块,如图 11-6 所示。程序编辑界面分为五大部分：①打开的 NC 程序路径；②图形显示区；③NC 程序编辑框；④语法检查状态栏；⑤标签栏，包括新建程序、打开文件、模拟仿真、图形显示、语法检查、程序存盘等功能。

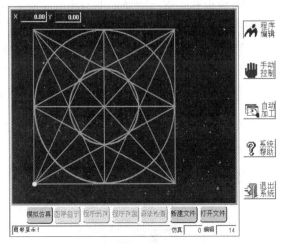

图 11-6　程序编辑界面

　　打开文件：打开对于以磁盘文件形式保存的 NC 文件，单击页面标签栏中的图标，系统弹出一个以"＊.nc"为后缀的文件对话框。打开文件步骤：①在搜寻工具栏中，根据 NC 文件所在路径进行定位；②在 NC 文件所在的路径中，选取所要打开的 NC 文件；③单击"Load"按钮，就可以将所选取的 NC 文件装载入 NC 文件编辑框中。

　　新建程序：单击程序编辑面板的标签栏中的"新建程序"图标，在 NC 程序编辑框中输入 NC 程序。在输入 NC 文件过程中，可使用下列组合键进行编辑：Ctrl＋X(剪切)、Ctrl＋C(复制)、Ctrl＋V(粘贴)。

　　程序存盘：新建 NC 程序或打开已经存在的 NC 程序，经过编辑修改后，需要保存 NC 程序，单击页面标签栏上的"程序存盘"图标按钮，系统会弹出一对话框，依次选择文件存放的路径、文件名称、保存类型，经确认后，单击"确定"按钮。

　　语法检查：在进行模拟仿真或图形显示前，先要对 NC 程序进行语法检查，单击工具栏中的"语法检查"图标按钮，进行语法检查。在语法检查状态栏中会出现系统对所选 NC 程序语法检查的信息。语法检查出现错误时，语法检查状态栏会提示错误原因。操作者可根据提示信息修改 NC 程序。

　　图形显示：新建一个 NC 程序或装载已经存在的 NC 程序，让其显示在程序编辑框里，单击编辑页面右下角的标签栏中的"语法检查"图标按钮，若语法检查通过则表示程序正确。再单击标签栏中的"图形显示"图标按钮，图形就显示在编辑页面中的图形显示区中，图形的大小是按照比例缩放的。

　　模拟仿真：装载完 NC 程序，经过语法检查后，单击编辑页面下的标签栏中的"模拟仿真"图标按钮，图形显示区中就显示数控平台的模拟运动过程。

　　2) 手动控制

　　手动控制界面如图 11-7 所示。

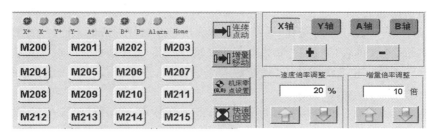

图 11-7 手动控制界面

手动工作区包括如下功能：

（1）状态显示 包括极限开关、其他信息。

（2）手动操作选项 包括速度选择（速度倍率调整，增量倍率调整）以及数控机床坐标轴选择及移动方向选择。

（3）连续点动 在"手动操作"界面，先单击图标，选择连续，启动各坐标轴。再选择速度，最后选择运动的方向，单击下面的"＋"或"－"选择坐标轴的运动方向。

（4）增量移动 在"手动操作"界面，先单击图标，选择增量，启动各坐标轴。再选择速度，最后选择运动的方向，单击下面的"＋"或"－"选择坐标轴的运动方向。

（5）快速回零 在手动操作面板上，当坐标轴的位置不为零或者还在运动时，要想快速回零，则先单击轴的运动的反方向，使坐标轴先停止下来，先单击图标按钮，再选择轴的正方向或负方向，它就可以快速回到机床零点。

（6）零点设置 在手动操作界面上，零点设置也就是设置机床坐标系零点，即坐标清零。选择面板上的零点设置，就能把当前点作为机床原点。

（7）坐标显示。

（8）手动操作参数显示。

3）自动加工

单击标签栏中的"自动加工"图标按钮，即进入自动加工面板，界面如图 11-8 所示。

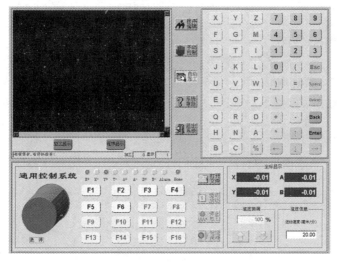

图 11-8 自动加工界面

该界面功能如下：

（1）打开文件　单击图标按钮,系统会自动弹出打开文件对话框,选择执行自动方式的 NC 文件其路径与文件名,确认后,单击"load"按钮,则 NC 文件被打开并载入系统中。

（2）循环启动　在自动方式下,设定好各个参数,单击界面右下角的图标按钮,执行程序,进行加工。

（3）进给保持　就是暂停数控程序的执行,再次单击"进给保持"图标按钮,数控程序从当前位置继续往下执行。

（4）停止加工　相当于紧急停止,遇到紧急情况时,单击该按钮,中断所有的加工程序。

3. 本系统所用到的 G 指令简介

1）G00：快速点定位指令

格式：G00 IP_;

作用：刀具以数控系统预先设定的快速进给速度从起点移动到 IP 点,进行点定位。

2）G01：直线插补指令

格式：G01 IP_ F_;

作用：直线插补,IP 为终点坐标值,F 为进给速度（mm/min 或 mm/r）。如果不指明 F 的值,则按上一指令指定的进给速度进给；如果从未指定过 F 的值,则按快速运动的进给速度进给,因此 F 一般不能省略。

3）G02、G03

顺时针圆弧插补指令 G02、逆时针圆弧插补指令 G03。

格式：G02/G03 IP_R_ F_;

G02/G03 IP_I_K_F_;

作用：IP 为切削终点坐标,R 为插补圆弧半径,(I,K) 为要插补圆弧圆心的坐标值,F 为进给速度。

4）G90：绝对值方式编程

格式：G90

说明：在此指令以后所有编入的坐标值全部以编程原点为基准；系统通电时机床处于 G90 状态。

5）G91：增量方式编程

格式：G91

说明：G91 编入程序时,以后所有编入的坐标值均以前一个坐标位置作为起点来计算。

4. 编程实例

编制如图 11-9 所示图形的轨迹程序如下：

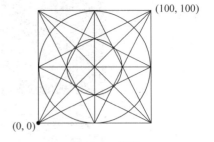

图 11-9　图形

O0001	N150 G01 X50 Y100
N10 G90 G00 X0 Y0	N160 G01 X0 Y0
N20 G01 X100 Y0 F15	N170 G01 X100 Y50
N30 G01 X100 Y100	N180 G01 X0 Y100
N35 G01 X0 Y100	N190 G01 X50 Y0
N40 G01 X0 Y0	N200 G01 X100 Y100

N50 G01 X100 Y100　　N210 G01 X0 Y50
N60 G01 X100 Y50　　N220 G01 X100 Y0
N70 G01 X0 Y50　　N230 G01 X50 Y100
N80 G01 X0 Y100　　N240 G01 X50 Y75
N90 G01 X100 Y0　　N250 G02 X50 Y25 R25
N100 G01 X50 Y0　　N255 G02 X50 Y75 R25
N110 G01 X50 Y100　　N260 G01 X50 Y74.99
N120 G02 X50 Y0 I0 J-50　　N270 G03 X50 Y25.99 R24.99
N125 G02 X50 Y100 I0 J50　　N275 G03 X50 Y74.99 R24.99
N130 G01 X50 Y99　　N280 G01 X50 Y100
N140 G03 X50 Y0.02 R49.9　N285 G01 X0 Y0
N145 G03 X50 Y99.9 R49.9　N290 M30

11.7　数控车床基本操作

1. 数控车床的组成与操作方法

数控车床由床身、主轴箱、刀架进给系统、冷却润滑系统及数控系统组成。数控车床的进给系统与普通车床有质的区别,它没有传统的走刀箱、溜板箱和挂轮架,而是直接用伺服电动机或步进电动机通过滚珠丝杠驱动溜板和刀具,实现进给运动。数控系统由输入/输出模块、NC 装置、伺服驱动和位置检测反馈装置、机电接口等组成。

以 J_1CK6132 型数控车床为例说明数控机床的操作方法。

1）系统控制面板

J_1CK6132 型数控机床采用 FANUC 0i Mate-TC 数控系统,该系统由 CNC 装置、CRT 显示屏、控制面板和控制软件、伺服驱动和检测反馈装置等组成,该系统的 MDI 面板如图 11-10 所示。MDI 键盘说明如表 11-4 所示。

2）车床操作面板

车床操作面板如图 11-11 所示。

图 11-10　MDI 面板

图 11-11　车床操作面板

操作面板各键功能说明如下。

⬚编辑⬚：按下该键，进入编辑运行方式。

⬚自动⬚：按下该键，进入自动运行方式。

⬚MDI⬚：按下该键，进入 MDI 运行方式。

表 11-4 MDI 键盘说明

序号	名　称	说　明
1	复位键 RESET	按此键可使 CNC 复位，用以消除报警等
2	帮助键 HELP	按此键用来显示如何操作机床，如 MDI 键的操作。可在 CNC 发生报警时提供报警的详细信息（帮助功能）
3	软键	根据其使用场合，软键有各种功能。软键功能显示在 CRT 屏幕的底部
4	地址和数字键	按这些键可输入字母、数字以及其他字符
5	换挡键 Shift	在有些键的顶部有两个字符。按 Shift 键选择字符。当一个特殊字符 Ê 在屏幕上显示时，表示键面右下角的字符可以输入
6	输入键 INPUT	当按地址键或数字键后，数据被输入到缓冲器，并在 CRT 屏幕上显示出来。为了把输入到缓冲器中的数据拷贝到寄存器，按 INPUT 键。这个键相当于软键的 INPUT 键，按此两键的结果是一样的
7	取消键 CAN	按此键可删除已输入到缓冲器的最后一个字符或符号。当显示输入缓冲器数据为：＞N001X100Z _ 时，按该键，则字符 Z 被取消，并显示：＞N001X100
8	程序编辑键	当编程程序时按这些键。ALTER：替换；INSERT：插入；DELETE：删除
9	功能键 POS、PROG、GRAPH 等	按这些键用于切换各种功能显示画面。POS：显示位置坐标；PROG：显示程序；GRAPH：显示图形
10	光标移动键 → ← ↓ ↑	这是四个不同的光标移动键。 →：这个键是用于将光标朝右或前进方向移动。在前进方向光标按一段短的单位移动。 ←：这个键是用于将光标朝左或倒退方向移动。在倒退方向光标按一段短的单位移动。 ↓：这个键是用于将光标朝下或前进方向移动。在前进方向光标按一段大尺寸单位移动。 ↑：这个键是用于将光标朝上或倒退方向移动。在倒退方向光标按一段大尺寸单位移动
11	翻页键 ↑PAGE ↓PAGE	这两个翻页键的说明如下： ↑PAGE：这个键是用于在屏幕上朝前翻一页。 ↓PAGE：这个键是用于在屏幕上朝后翻一页
12	功能键 OFFSET/SETTING	用于设定、显示补偿值
13	MESSAGE 键	用于显示报警、操作信息
14	SYSTEM 键	显示系统参数等
15	EOB 键	程序段结束键

⬚JOG⬚：按下该键，进入 JOG 运行方式。⬚超程解除⬚：按下该键，解除超程警报。⬚手轮⬚：按下该键，进入手轮运行方式。⬚单段⬚：按下该键，进入单段运行方式。

：按下该键,可以进行返回机床参考点操作(即机床回零)。

[正转]：按下该键,主轴正转。　[停止]：按下该键,主轴停转。

[反转]：按下该键,主轴反转。：循环启动键,用于自动操作的启动。

按 [主轴 100%]（指示灯亮）,主轴修调倍率被置为 100%,按一下 [主轴 递增],主轴修调倍率递增 5%;按一下 [主轴 递减],主轴修调倍率递减 5%。

[X↑][X↓][Z←][→Z][∿]：进给轴和方向选择开关,用来选择机床欲移动的轴和方向。其中的 [∿] 为快进开关。当同时按下该键和轴方向键后,刀架向该方向快进。

：JOG 进给倍率刻度盘,用来调节 JOG 进给的倍率。倍率值从 0~150%。每格为 10%。

：系统启动/关闭,用来开启和关闭数控系统。[报警 回零]：报警/回零指示灯,用来表明机床是否正常和回零的情况。当进行机床回零操作时,某轴返回零点后,该轴的指示灯亮。

：急停键,用于锁住机床。在出现异常情况下,按下急停键时,机床立即停止运动。

：进给保持按钮,在自动运行状态下,按下该键停止进给,此时 M、S、T 功能仍有效。

3）数控车床的开机步骤

（1）检查机床各部分初始状态是否正常。

（2）合上电源总开关,将机床控制柜上的开关拨到“ON”位置。

（3）按下机床控制面板上“系统启动”按钮。系统进入初始画面。

4）数控车床回参考点

开机后必须先回参考点,建立机床坐标系,若不回参考点,螺距误差补偿等功能将无法实现。“回参考点”只有在回参考点方式下才能进行,步骤为:用机床控制面板上“回参考点”键启动回参考点方式。按坐标方向键“+X”“+Z”使每个坐标轴逐一回参考点,当回参考点灯亮时,刀架停止在参考点。通过选择另一种运动方式(如 MDI、AUTO 或 JOG)可以结束该功能。注意:为了安全,一般先让 X 轴回参考点,再让 Z 轴回参考点。

5）数控车床的对刀

回参考点后,实际值以机床零点为基准,而加工程序则以工件零点为基准,这之间的差值就作为可设定的零点偏置量。通过对刀可确定这些参数,同时通过对刀确定了各把刀之间的统一基准,确定了刀具补偿值,故对刀要各把刀逐步进行。

其过程如下:

（1）先把某一把刀手动移到对刀点→轻车工件端面→X 向退刀(径向退刀,轴向位置不变)→按功能键 OFS/SET→ 按补正软键→按形状软键→按光标移动键将光标移到相应寄存器的 Z 位置→输入零偏值(若要对刀点为零点,则零偏值为 0)→按测量软键(此时自动计算刀具补偿参数）。

（2）手动移动刀具到对刀点→轻车外圆→Z向退刀（轴向退刀，径向位置不变）→停下主轴→量工件直径→按功能键OFS/SET→按补正软键→按形状软键→按光标移动键将光标移到相应寄存器的X位置→在零偏处输入工件直径→按测量软键（此时自动计算刀具补偿参数）。

此时一把刀对刀完成。退出后换另一把刀，重复上述步骤。

6）数控机床各轴的移动

各轴的移动必须在JOG方式中进行，在此状态下可以使坐标轴点动运行，其运动速度可通过修调开关调节。具体操作步骤为：①通过机床控制面板上的JOG键选JOG方式。②操作相应的键，如"+X"或"-Z"等使坐标轴运行，坐标轴以机床设定数据中规定的速度运行。按下"+X"或"-Z"等键后立即放开时，坐标轴以步进增量运动，若按下不放，则以连续方式运动。可通过按下手轮键，进入"手轮"方式操作。在MDI操作方式下，可完成单段程序的运行。

7）数控车床新程序的输入、修改、编辑

新程序输入的操作步骤如下：

（1）按"编辑"键，进入编辑工作方式；

（2）选择系统面板上的"PROG"键，按"DIR"软键，显示已存在的程序目录；

（3）输入新主程序或子程序名称，按"INSERT"键确认输入，生成新程序文件，此时即可对新程序进行编辑；

（4）数控车床程序的修改：修改程序时，只要在编辑状态下，按"ALTER"改写；按"INSERT"插入；按"DELETE"删除等键即可进行修改。

8）数控车床刀偏的选择

按"OFS/SET"键，打开刀具补偿参数窗口，显示刀具的补偿值。可以按光标移动键选择某把刀具的刀补号，刀具长度补偿值在对刀时已计算出，其他参数（如刀尖圆弧半径、假想刀尖位置、刀具磨耗）可逐一输入。刀具补偿参数窗口如图11-12所示。

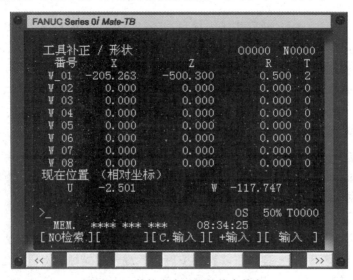

图11-12　数控车床刀具补偿参数窗口

9）数控车床程序在运行前,必须调整好系统和机床,因此必须特别注意机床生产厂家的安全说明。运行步骤如下。

（1）选择程序　在第一次选择"PROG"键时,显示器会自动显示当前程序,按"编辑"键,再按"DIR"键,显示零件程序和子程序目录,把光标定位到所选的程序上,用"检索"键选择待加工的程序,此时被选择的程序名称就会显示在屏幕区,如有必要,可以控制被选中程序的运行状态(如单段运行)。

（2）程序的运行　在自动方式下零件程序可以自动加工执行,其前提条件是：已经回过了参考点,被加工的零件程序已经装入,输入了必要的补偿值,安全锁定装置已启动。选择程序,在自动方式下按"循环启动"按钮,程序即开始执行。按"RESET"复位键停止加工零件程序。

2. 数控车床编程的特点

1）数控车床编程中的坐标系

数控车床坐标系分为机床坐标系和工件坐标系(编程坐标系)。无论哪种坐标系都规定与车床主轴轴线平行的方向为 Z 轴,从卡盘中心至尾座顶尖中心的方向为正方向。在水平面内与车床主轴轴线垂直的方向为 X 轴,远离主轴旋转中心的方向为正方向。

（1）机床坐标系　机床坐标系如图 11-13 所示,它是机床固有的坐标系,是制造和调整机床的基础,也是设置工件坐标系的基础。机床坐标系在出厂前已经调整好,一般不允许随意变动。参考点也是机床上的一个固定不变的极限点(如图 11-13 中的 O'),其位置由机械挡块或行程开关来确定。

（2）工件坐标系　工件坐标系是编程时使用的坐标系,又称编程坐标系,该坐标系是人为设定的,为了编程方便,工件原点一般设在工件端面中心,见图 11-14。注意 X 轴的正向可根据实际刀架位置情况而定,可朝上,也可朝下。

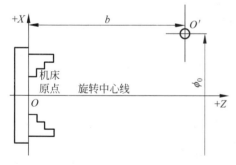

图 11-13　机床坐标系

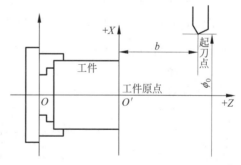

图 11-14　工件坐标系

2）径向尺寸

被加工零件的径向尺寸在图纸标注和加工测量时,一般用直径值表示,所以采用直径尺寸编程更为方便。通常把 X 轴的位置数据用直径数据表示。

3）固定循环

由于车削加工常用棒料和锻料作为毛坯,加工余量较大,为简化编程,数控车床常具备不同形式的固定循环,可进行多次循环切削。

4）半径自动补偿

编程时,认为车刀刀尖是一个点,而实际上为了提高刀具寿命和工件表面质量,车刀刀尖常磨成一个半径不大的圆弧,为提高工件的加工精度,编制圆头刀程序时,需要对刀具半径进行补偿。大多数数控车床都具有刀尖圆弧半径补偿功能(G41,G42),这类数控车床可直接按工件轮廓尺寸编程。

5）圆弧顺逆的判断

数控车床是两坐标轴的机床,只有 X 轴和 Z 轴,应按右手定则的方法将 Y 轴也加上去来考虑。判断时让 Y 轴的正向指向自己(即沿 Y 轴的负方向看去),站在这样的位置就可正确判断 X-Z 平面上圆弧的顺、逆时针(见图 11-15)。

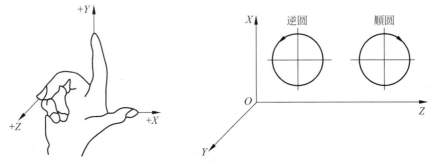

图 11-15　圆弧顺逆的判断

3. 编程实例

如图 11-16 所示工件,毛坯为 $\phi25\mathrm{mm}\times65\mathrm{mm}$ 棒材,材料为 45 钢。

1）确定工艺方案及加工路线

(1)粗车外圆。基本采用阶梯切削路线,分三刀切完。

(2)自右向左精车右端面及各外圆面:车右端面→切削螺纹外圆→倒角→车 $\phi16\mathrm{mm}$ 外圆→车 $R3\mathrm{mm}$ 圆弧→车 $\phi22\mathrm{mm}$ 外圆。

(3)切槽。

(4)车螺纹。

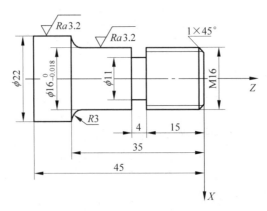

图 11-16　带螺纹零件

（5）切断。

2）选择刀具

根据加工要求，选用四把刀具，T1 为粗加工刀，选 90°外圆车刀，T2 为精加工车刀，T3 为切槽刀，刀宽为 4mm，T4 为 60°螺纹刀。同时把四把刀在四工位自动换刀刀架上安装好，且都对好刀。

3）确定切削用量

粗车 F20，精车 F10。

4）确定工件坐标系、起刀点和换刀点

确定以工件右端面与轴心线的交点 O 为工件原点，建立 XOZ 工件坐标系，如图 11-16 所示。采用手动试切对刀方法，把点 O 作为对刀点。换刀点设置在工件坐标系下 $X100$、$Z100$ 处。

5）编写程序

按该机床规定的指令代码和程序段格式，把加工零件的全部工艺过程编写成程序单。加工程序如下：

```
N10    G50 X100 Z100;              建立工件坐标系
N20    T0101  S500 M03;            换 1 号刀具主轴正转
N30    G00 X22.5 Z2;               快速运动到(22.5,2)点
N40    G01   Z-50  F20;            粗车外圆 φ22.5mm
N50    G00   Z2;                   退刀
N60          X19;                  进给到 X19mm
N70    G01   Z-32  F20;            粗车外圆 φ19mm
N80    G02   X22.5  Z-34  R3  F20;  粗车圆弧 R3mm
N90    G00   Z2;
N100         X16.5;
N110   G01   Z-32  F20;            粗车外圆 φ16.5mm
N120   G02   X22.5  Z-34.5  R3  F20; 粗车圆弧 R3mm
N130   G00   X100  Z100;
N140         T0202;                换精车刀
N150   G00   X14  Z0;
N160   G01   X16  Z-1  F10;        车倒角
N170         Z-32;                 精车外圆 φ16
N180   G02   X22  Z-35  R3  F10;
N190   G01   Z-45  F10;
N200   G00   X100  Z100;
N210         T0303;                换切槽刀
N220   G00   X17  Z-19;
N230   G01   X11  F20;             切槽
N235   G04   X2.0;
N240   G01   X17;
N250   G00   X100  Z100;
N260         T0404;                换螺纹刀
N270   G00   X16  Z5;              至螺纹循环加工起始点
N274   G92   X15  Z-17  F2;        车螺纹循环
N278   G92   X14.2  Z-17  F2;
N280   G92   X13.52  Z-17  F2;
```

```
N290   G00   X100   Z100;
N300        T0303;                   换切槽刀
N310   G00   X27   Z-49;
N320   G01   X0   F20;               切断
N330   G00   X100   Z100;
N340   M05;
N350   M30;
```

精密加工与特种加工 第12章

12.1 精密加工与特种加工概述

精密加工是指加工精度和表面质量达到极高精度的加工工艺,通常包括精密切削、精密磨削、精密钻削、精密镗削以及光洁高精度加工等。它与特种加工关系密切,很多情况下它与特种加工组合使用。

精密加工在制造业发展的不同时期,技术指标有所不同,见表 12-1。

表 12-1 不同时期的机械加工技术指标

时间	一般加工	精密加工	超精密加工
20 世纪 60 年代	$100\mu m$	$1\mu m$	$0.1\mu m$
20 世纪 90 年代	$5\mu m$	$0.05\mu m$	$0.005\mu m$
20 世纪末	$1\mu m$	$0.01\mu m$	$0.001\mu m$（1nm）

而将电、磁、声、光、化学等能量或其组合施加在工件的被加工部位上,从而实现材料被去除、变形、改变性能或被镀覆等的非传统加工方法统称为特种加工。目前一般采用的特种加工方法是电解加工、超声波加工、放电成型加工、激光加工、电子束加工、离子束加工、化学加工、水射流切割、爆炸成型等,见表 12-2。

表 12-2 常用特种加工方法

特种加工方法		能量形式	作用原理	英文缩写
电火花加工	成型加工	电能、热能	熔化、汽化	EDM
	线切割加工	电能、热能	熔化、汽化	WEDM
电化学加工	电解加工	电化学能	阳极溶解	ECM
	电解磨削	电化学机械能	阳极溶解 磨削	EGM
	电铸、电镀	电化学能	阴极沉积	EFM EPM
激光加工	切割、打孔	光能、热能	熔化、汽化	LBM
	表面改性	光能、热能	熔化、相变	LBT
电子束加工	切割、打孔	电能、热能	熔化、汽化	EBM
离子束加工	刻蚀、镀膜	电能、动能	原子撞击	IBM
超声加工	切割、打孔	声能、机械能	磨料高频撞击	USM

12.1.1　精密加工与特种加工产生的背景

第二次世界大战后,特别是进入 20 世纪 50 年代以来,由于材料科学、高新技术的发展和激烈的市场竞争,尤其是国防工业部门发展尖端国防及科学研究的急需,各种新结构、新强韧材料和复杂形状的精密零件大量出现,对加工精度、表面粗糙度和完整性要求越来越严格,这就对机械制造业提出了一系列严峻的、迫切需要解决的新问题、新任务。

要解决这些问题,仅仅依靠传统的切削加工方法很难或根本无法实现。于是,人们一方面通过研究高效加工的刀具和刀具材料、自动优化切削参数、提高刀具可靠性和在线刀具监控系统、开发新型切削液、研制新型自动机床等途径,进一步改善切削状态,提高切削加工水平,并解决了一些问题,这就是我们所说的精密加工技术;另一方面,则冲破传统加工方法的束缚,不断地探索、寻求新的加工方法,于是一些本质上区别于传统加工的特种加工便应运而生,并不断获得发展。

传统的机械加工已有很久的历史,但是从第一次工业革命以来,一直到第二次世界大战以前,在这段长达 150 多年的漫长年代里,人们的思想一直还局限在自古以来传统的用机械能量和切削力来除去多余的金属,以达到加工要求这一框框之内。

直到 1943 年,苏联学者拉扎连科夫妇,研究开关触点遭受火花放电腐蚀的现象和原因,发现电火花的瞬时高温可使局部的金属熔化、气化而被蚀除掉,由此开创和发明了变有害的电蚀为有用的电火花加工方法,用铜杆在淬火钢上加工出小孔,可用软的工具加工任何硬度的金属材料,首次摆脱了传统的切削加工方法,直接利用电能和热能来去除金属,获得"以柔克刚"的效果。

此后,制造技术的进一步发展,更加丰富了使用非机械能量来去除、变形、改变材料性能或被镀覆等的非传统加工方法。

12.1.2　精密加工与特种加工的特点和作用

目前,精密加工与特种加工已经成为制造领域不可缺少的重要加工技术,在非常规机械加工领域发挥着独特的、越来越重要的作用。

(1) 解决各种难切削材料的加工问题,如硬质合金、钛合金、耐热不锈钢、淬火钢、金刚石、复合材料、工程陶瓷、石英以及锗、硅、硬化玻璃等各种高硬度、高强度、高韧性、高脆性的金属及非金属材料的加工。

(2) 解决各种特殊复杂型面尺寸、微小或特大、精密零件的加工,如喷气涡轮机叶片、锻压模等的立体成形表面,炮管内膛线、喷油嘴和喷丝头上的小孔、窄缝等的加工。

(3) 解决各种超精密、光整零件的加工问题,如对表面质量和精度要求很高的航天航空陀螺仪、激光核聚变用的曲面镜等,形状和尺寸精度要求在 $0.1\mu m$ 以上,表面粗糙度 Ra 要求在 $0.01\mu m$ 以下零件的精细表面加工。

(4) 解决特殊零件的加工问题,如大规模集成电路、光盘基片、微型机械和机器人零件、细长轴、薄壁零件、弹性元件等低刚度特殊零件的加工问题。

精密加工与特种加工相对传统切削加工具有明显的优势:

(1) 提高零件加工精度,提高产品性能、质量、工作稳定性和可靠性。英国 Rolls-Royce 公司的资料表明,将飞机发动机转子叶片的加工精度由 $60\mu m$ 提高到 $12\mu m$,加工表面粗糙度由 $Ra\,0.5\mu m$ 减少到 $Ra\,0.2\mu m$,则发动机的压缩效率将从 89% 提高到 94%。20 世纪 80 年代初,苏联从日本引进了四台精密数控铣床,用于加工螺旋桨曲面,使其潜艇的水下航行噪声大幅下降,即使使用精密的声呐探测装置也很难发现潜艇的行踪。

(2) 提高零件的加工精度可促进产品的小型化。传动齿轮的齿形及齿距误差直接影响了其传递扭矩的能力。若将该误差从目前的 $3\sim6\mu m$ 降低到 $1\mu m$,则齿轮箱单位重量所能传递的扭矩将提高近一倍,从而可使目前的齿轮箱尺寸大大缩小。IBM 公司开发的磁盘,其记忆密度由 1957 年的 $300b/cm^2$ 提高到 1982 年的 $254\times10^4 b/cm^2$,提高近 1 万倍,这在很大程度上应归功于磁盘基片加工精度的提高和表面粗糙度的减小。

(3) 提高零件的加工精度可增强零件的互换性,提高装配生产率,推进自动化生产。自动化装配是提高装配生产率和装配质量的重要手段。自动化装配的前提是零件必须完全互换,这就要求严格控制零件的加工公差,从而导致零件的加工精度要求极高,精密加工使之成为可能。

(4) 精密加工与特种加工技术是一项涉及内容广泛的高新综合性技术。精密加工以及由此发展而来的超精密加工与特种加工已经是现代先进制造技术的重要组成部分。它们成功地解决了许多传统加工方法无法解决的加工难题,精密加工与特种加工技术广泛应用于航空、航天、军事工业等高端领域,各国均优先发展这些高新技术在民用工业中的应用。日本有学者统计,目前民用工业领域 75% 的技术均来自于军事工业。

精密工程、微米工程和纳米技术已成为世界制造技术领域的制高点,是现代制造技术的前沿,也是明天技术的基础。也可以说精密加工与特种加工在高端制造和现代前沿科学技术领域中已发挥着不可或缺的重要作用,世界各国十分重视并优先发展,所以一个国家的精密加工与特种加工技术、军工水平的高低也在一定程度决定一个国家的工业整体水平。

精密加工与特种加工技术引起了机械制造领域内的变革:
(1) 提高了材料的可加工性;
(2) 改变了零件的典型工艺路线;
(3) 大大缩短了新产品试制周期;
(4) 对产品零件的结构设计产生很大的影响;
(5) 对传统的结构工艺性好与坏的衡量标准产生重要影响。

有理由相信:随着先进制造技术的不断发展和完善,精密加工与特种加工技术将在机械制造业实现优质、高效、低耗、清洁、灵活生产,提高对动态多变的机电产品市场的适应能力和竞争能力的进程中发挥越来越大的作用。

12.2 精密加工技术

将精密机械、精密测量、精密伺服系统和计算机控制等各领域、各种先进技术成果集成起来加以应用,才能实现和发展精密加工与超精密加工。概括起来主要有以下 5 方面:

1. 精密的机床工具设备和刀具

精密加工机床是实现精密加工的首要条件。主要研究方向是提高机床主轴的回转精度、工作台的直线运动精度以及刀具的微量进给精度。

（1）精密机床主轴要求具有很高的回转精度，转动平稳，无振动，其关键在于主轴轴承。目前采用超精密级的滚动轴承、液体静压轴承和空气静压轴承。其中后者静、动态性能更加优异。

（2）工作台的直线运动精度是由导轨决定的。精密机床使用的导轨有滚动导轨、液体静压导轨、气浮导轨、空气静压导轨。

（3）为了提高刀具的进给精度，必须使用微量进给装置。其中，弹性变形式和电致伸缩式微量进给机构比较适用，尤其是电致伸缩微量进给装置，可以进行自动化控制，有较好的动态特性，在精密机床进给系统中得到广泛的应用。

正确使用金刚石刀具切削是精密切削加工的重要手段。

（1）早期精密加工是采用天然金刚石来做刀具的，所以一般场合下精密加工被称作金刚石加工，但天然金刚石是晶体单晶面，故此要选择晶面，这对刀具的使用性能，尤其是强度和寿命方面有重要的影响。

（2）金刚石刀具刃口的锋利性，即刀具刃口的圆弧半径，直接影响到切削加工的最小切削深度，影响到微量切除能力和加工质量与精度。先进国家刃磨金刚石刀具的刃口半径可以小到数纳米的水平。而当刃口半径小于 $0.01\mu m$ 时，就必须解决测量上的难题。我国目前刃磨的金刚石刀具的刃口半径只能达到 $0.1\sim0.3\mu m$。

2. 研究理解精密加工的机理与工艺方法

精密切削加工必须能够均匀地切除极薄的金属层，微量切除是精密加工的重要特征之一。微量切削过程中许多机理方面的问题都有其特殊性，如积屑瘤的形成，鳞刺的产生，切削参数及加工条件对切削过程的影响，以及它们对加工精度和表面质量的影响，都与常规切削有很大的不同。

3. 精密测量及误差补偿技术

通常，加工设备的精度必须高于零件精度，有时要求高于零件精度一个数量级，即精加工机床的高精度指标取决于加工零件的高精度。但加工精度高于一定程度后，若仍然采用提高机床的制造精度，保证加工环境的稳定性等误差预防措施来提高加工精度，这将会使所花费的成本大幅度增加。这时应采取另一种所谓的误差补偿措施，即通过消除或抵消误差本身的影响，达到提高加工精度的目的。

精密加工要求测量精度比加工精度高一个数量级，这就决定了精密加工技术离不开精密测量技术。

目前，精密加工中所使用的测量仪器多以非接触式的干涉法和高灵敏度电动测微等技术为基础，如激光干涉仪、多次光波干涉显微镜及重复反射干涉仪等。

国外广泛发展非接触式测量方法并研究原子级精度的测量技术。Johaness 公司生产的多次光波干涉显微镜的分辨率为 0.5nm。近年来出现的隧道扫描显微镜的分辨率为

0.01nm,是目前世界上精度最高的测量仪之一。最新研究证实,在扫描隧道显微镜下可移动原子,实现精密工程的最终目标——原子级精密加工。

4. 精密加工中的工件材料

金刚石刀具虽然是世界上最硬的材料,但它是单晶体,车削加工时极易造成刀具断裂和破损,故要求被加工材料均匀性强。金刚石刀具精密切削是当前加工软金属材料最主要的精密加工刀具。金刚石刀具加工碳钢材料工件时容易发生碳化磨损,所以除金刚石刀具材料外,目前还研发了立方氮化硼、复方氮化硅和复合陶瓷等新型超硬刀具材料,它们主要用于黑色金属的精密加工。

精密切削加工在切削过程稳定、无冲击振动等条件正常时,金刚石刀具的耐用度可达数百千米。这是因为金刚石刀具的机械磨损量非常微小,刀具后刀面的磨损区及前刀面的磨损凹槽表面非常平滑,使用这种磨损的刀具进行加工不会显著地影响加工表面质量;并且这种一般正常机械磨损,主要产生在用金刚石刀具加工铝、铜、尼龙等软物质材料的时候。

5. 稳定的环境条件

精密加工必须在稳定的加工环境下进行,主要是对恒温恒湿、防振和空气净化三个方面的条件要求极高。

(1) 恒温恒湿。精密加工必须在严格的多层恒温条件下进行,即不仅工作间应保持恒温,还必须对机床本身采取特殊的恒温措施,使加工区的温度变化极小,减少热胀冷缩给工件精度带来的影响。

(2) 防振。为了提高精密加工系统的动态稳定性,除在机床结构设计和制造上采取各种减振措施外,还必须用隔振系统来消除外界振动的影响。

(3) 空气净化。由于精密加工的加工精度和表面粗糙度要求极高,空气中的尘埃将直接影响加工零件的精度和表面粗糙度,因此必须对加工环境的空气进行净化,对大于某一尺寸的尘埃进行过滤。国外已研制成功了对粒度直径 $0.1\mu m$ 的尘埃有 99% 净化效率的高效过滤器。

12.3　电火花线切割加工

电火花线切割加工是在电火花加工基础上用线状电极(钼丝或铜丝)靠火花放电对工件进行切割,故称为电火花线切割,有时简称线切割。它是于 20 世纪 50 年代末在苏联发展起来的一种新工艺,它已获得广泛的应用。目前,国内外的线切割机床都采用数字控制,数控线切割机床已占电火花线切割加工机床的 60% 以上。

1. 电火花线切割加工的基本原理

电火花线切割加工的原理如图 12-1 所示。电火花线切割加工时,在电极丝和工件之间进行脉冲放电。电极丝接脉冲电源的负极,工件接脉冲电源的正极。当产生放出一个电脉冲时,在电极丝和工件之间就产生一次火花放电,在放电通道的中心温度瞬时可高达 10000℃以上,高温使工件金属熔化,甚至有少量汽化,高温也使电极丝和工件之间的工作液部分产生汽化,这些汽化后的工作液和金属蒸气瞬间迅速热膨胀,并具有爆炸的特性。这种热膨胀和局部微爆炸,抛出熔化和汽化了的金属材料而实现对工件材料进行电蚀切割加工。通常电极丝与工件之间的放电间隙调整在 0.01mm 左右,若电脉冲的电压高,放电间隙会大一些。线切割编程时,一般取为 0.01mm。

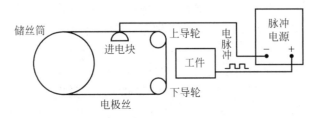

图 12-1　电火花线切割加工的原理

2. 电火花线切割加工的特点

(1) 不需要制造成型电极,用简单的电极丝即可对工件进行加工。可切割各种高硬度、高强度、高韧性和高脆性的导电材料,如淬火钢、硬质合金等。

(2) 由于电极丝比较细,可以加工微细异形孔、窄缝和复杂形状的工件。

(3) 能加工各种冲模、凸轮、样板等外形复杂的精密零件,尺寸精度可达 $0.02\sim 0.01$mm,表面粗糙度 Ra 值可达 $1.6\mu m$。

(4) 由于切缝很窄,切割时只对工件进行“套料”加工,故余料还可以利用。

(5) 可加工三维直纹曲面的零件,如图 12-2、图 12-3 所示。

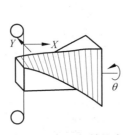

图 12-2　加工扭转锥台

图 12-3　加工双曲面

3. 数控电火花线切割机床的组成

线切割机床按电极丝运动的线速度,可分高速走丝和低速走丝两种。电极丝运动速度在 $7\sim10$m/s 范围内的为高速走丝,低于 0.2 m/s 的为低速走丝。

DK7725 高速走丝线切割机床由机床本体、脉冲电源、微机控制装置、工作液循环系统等部分组成,如图 12-4 所示。

(1) 机床本体　机床本体由床身、走(运)丝机构、工作台和丝架等组成。

(2) 脉冲电源　脉冲电源又称高频电源,其作用是把普通的 50Hz 交流电转换成高频率

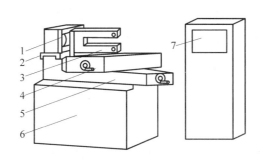

图 12-4　DK7725 高速走丝线切割机床结构简图

1—储丝筒；2—走丝溜板；3—丝架；4—上工作台；5—下工作台；6—床身；7—脉冲电源及微机控制柜

的单向脉冲电压,加工中供给火花放电的能量。

（3）微机控制装置　微机控制装置的主要功用是轨迹控制。其控制精度为±0.001mm,机床切割加工精度为±0.01mm。

（4）工作液循环系统　由工作液泵、工作液箱和循环导管组成。工作液起绝缘、排屑、冷却的作用。每次脉冲放电后,工件与电极丝（钼丝）之间必须迅速恢复绝缘状态,否则脉冲放电就会转变为稳定持续的电弧放电,影响加工质量。在加工过程中,工作液可把加工过程中产生的金属微颗粒迅速从电极之间冲走,使加工顺利进行,工作液还可冷却受热的电极丝和工件,防止烧丝和工件变形。

4. 电火花线切割机床的操作与编程

1）BKDC 软件简介

BKDC 控制软件是在 DOS 操作系统下工作的,控制画面采用菜单式结构,进入控制状态后,各种信息在屏幕上的位置如图 12-5 所示。屏幕最底一行显示八项主菜单,按 F1—F8 就可进入相应的下一级菜单。通过操作键盘可完成零件文件的输入、编辑、参数设置,零件加工等工作。

图 12-5　各种信息在屏幕上的位置

BKDC 系统对 ISO 文件、3B 文件均可操作,在本系统中,ISO 文件可以在 RUN 菜单下切割加工,对于文本方式的 3B 文件,可以在 File 菜单下执行 3B-ISO 转换命令,系统自动生成 ISO 文件。

2）自动编程方法

DK7725 线切割机床配置 CAXA 线切割软件,CAXA 线切割是北京北航海尔软件公司开发的具有自主知识产权的线切割编程系统,它是面向线切割行业的计算机辅助编程软件。从工作过程上分析,整个"CAXA 线切割"编程过程可分为：作图、生成加工轨迹、生成 G 代码。

（1）作图

① 用鼠标选取屏幕右侧的"绘图"图标,在右侧菜单区出现基本绘图命令直线、圆、圆弧和样条曲线等命令项；

② 选取命令菜单画出所需加工的图形。

（2）生成加工轨迹

① 用鼠标选取屏幕右侧的"轨迹"图标,在右侧菜单区出现轨迹生成、轨迹跳步等命令项；

② 选取命令菜单"轨迹生成",系统弹出一名为"线切割轨迹生成参数表"对话框；

③ 按实际需要填写相应参数,并单击"确定"按钮；

④ 系统提示"拾取加工轮廓",用鼠标拾取相应加工轮廓；

⑤ 被拾取线变为红色虚线,并沿轮廓方向出现一对反向的绿色箭头,系统提示"选择链搜索方向",选择相应方向的箭头；

⑥ 全部线条边为红色,且在轮廓的法向方向上又出现一对反向的绿色箭头,系统提示"选择切割的侧边",选择相应的箭头；

⑦ 系统提示"确定穿丝点的位置",用键盘输入穿丝点坐标,按 Enter 键；

⑧ 系统提示"确定丝最后切到的位置",单击鼠标右键表示该位置与穿丝点重合；

⑨ 再单击鼠标右键,系统自动计算出加工轨迹,即屏幕上显示出的绿色线。

（3）生成 G 代码

① 用鼠标选取屏幕右侧的"生成 G 代码"菜单；

② 系统提示"拾取加工轨迹",假设机床设置和后处理设置按系统默认的设置,用鼠标左键单击绿色的加工轨迹；

③ 屏幕上弹出"代码显示"窗口,其中的内容为新生成的 G 代码,关闭此窗口；

④ 系统弹出对话框要求用户输入文件名；按要求将文件存储到控制机的 BKDC 根目录下,并给新文件命名,单击"确定"按钮；

⑤ 代码生成结束。

3）切割工件

（1）用手动对刀,使工具电极丝接近工件,但不要接触。

（2）调出程序文件后,先选择画面（即空运行）,检查程序是否正确（模拟）。

（3）调整电极的垂直度、脉冲电源参数、进给速度等。

（4）程序正确后,按 F6 键或 F7 键（反向切割或正向切割）,机床进入正常切割状态。

12.4 激 光 加 工

激光加工与电子束加工、离子束加工等共称为高能束加工,都是利用被聚焦到加工部位上的高能量、高密度射束去除工件上多余材料的加工方法。其中激光技术更是 20 世纪与原子能、半导体及计算机齐名的四项重大发明之一。

国内 20 世纪 70 年代初已开始进行激光加工的应用研究,主要在激光制孔、热处理、焊接等方面得到了一定的应用,但加工质量不稳定。目前已研制出可在光纤中传输激光的固体激光加工系统,并实现光纤耦合三光束的同步焊接和石英表芯的激光焊接;研制开发了激光烧结快速成型技术等。

1. 激光加工的基本原理

激光也是一种光,具有光的一般性质(反射、折射、绕射及干涉),相对于普通光,激光还有高强亮(比白炽灯高 2×10^{20} 倍)、单色性好、相干性好和方向性好的四大特性。根据这些特性将激光高度集中起来,聚焦成一个极小的光斑(直径 $< 1/100 \text{mm}^2$,功率密度极高达 $100\,000 \text{kW/cm}^2$),这就能提供足够的热量来熔化或汽化任何一种已知的高强度工程材料,故可进行非接触加工,适合各种材料的微细加工。

激光加工实际就是利用光的能量经过透镜聚焦在焦点上达到很高的能量密度,靠光热效应来加工各种材料的。

2. 激光加工的特点

激光加工主要有以下特点:

(1) 加工方法多,适应性强。在同一台设备上可完成切割、打孔、焊接、表面处理等多种加工;并且可以分步加工也可几工位同时加工;可在大气中加工也可在真空中加工;可加工以往认为难加工的任何材料;能通过透明体进行加工,如对真空管内部进行焊接等。

(2) 加工精度高、质量好。光点小,功率密度高,能量高度集中,作用时间短;非接触式加工,热影响区小,且无机械变形,对精密小零件加工非常有利。

(3) 加工效率高,经济效益好。加工速度极高,如打个孔只需 0.001s。

(4) 节约能源与材料,无公害与污染(不像电子束有射线)。不受电磁干扰。与离子束、电子束加工相比,不需要抽真空,也不需要对 X 射线等进行防护,因此装置也简单。

(5) 无刀具磨损及切削力影响的问题。不需要工具,故不存在工具损耗和更换等问题。

(6) 激光束易于聚焦、导向,便于自动化控制,工作性能良好。因为输出功率可调整,所以可用于精密微细加工,加工精度 0.001mm,表面粗糙度 Ra 值可达 $0.4 \sim 0.1 \mu\text{m}$。

3. 激光加工系统的组成

激光加工机床(如激光打孔机、激光切割机等)除具有一般机床所需有的支撑构件、运动部件以及相应的运动控制装置外,主要应配备激光加工系统。激光加工系统一般由激光器、导光聚焦系统和电气系统三部分组成。

1) 激光器

所谓激光器就是将电能转变成光能,产生激光束的设备。按工作物质形态分为固体、气体、半导体和液体激光器。它们均由激光光源、光泵、聚光器和谐振腔组成。

图 12-6 是钇铝石榴石(YAG)固体激光发生器示意图。当施加电能后激光的工作物质钇铝石榴石等受到光泵的激发,吸收具有特定波长的光,在一定条件下可导致工作物质中的亚稳态粒子数大于低能级粒子数,这种现象称为粒子数反转。此时一旦有少量激发粒子产生受激辐射跃迁,产生雪崩式的受激辐射现象,就会形成大量的波长一致、位相一致的光子(类似于核裂变)。这就是激光造成光放大,再通过谐振腔内的全反射镜和部分反射镜的反馈作用产生振荡,此时由谐振腔的一端输出激光,再通过透镜聚焦形成高能光束,照射在工件表面上,即可进行加工。

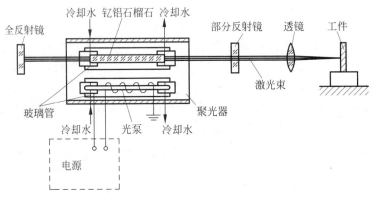

图 12-6　固体激光发生器原理

目前应用于工业加工的固体激光器有红宝石激光器、钕玻璃激光器和钇铝石榴石激光器,气体激光器有二氧化碳、氩气等。其中 CO_2 气体激光器和 YAG 固体激光器应用更为广泛。

2) 导光聚焦系统

光束经放大、整形、聚焦后作用于加工部位,这种从激光器输出窗口到被加工工件之间的装置称为导光聚焦系统。其作用是把激光束通过光学系统精确地聚焦至工件上、放大并且调节焦点位置和观察显示的功能。

导光聚焦系统的主要组成是:激光光束的质量监测仪、光闸系统、可见光同轴瞄准系统、扩束系统、光传输转向系统、聚焦系统和工件加工质量监控系统。图 12-7 为应用于 CO_2 激光切割机的透射式聚焦系统。

CO_2 激光器输出的是红外线,故要用锗单晶、砷化镓等红外材料制造的光学透镜才能通过。并且为减少表面反射需镀增速膜。图中在光束出口处装有喷吹氧气、压缩空气或惰性气体 N_2 的喷嘴,用以提高切割速度和切口的平整光洁。工作台用抽真空方法使薄板工件能紧贴在台面上。

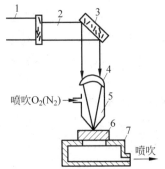

图 12-7　透射式聚焦系统
1—CO_2 激光器;2—激光束;3—镀金全反射镜;4—砷化镓(GsAs)透镜;5—喷嘴;6—工件;7—工作台

3）电气系统

电气系统包括激光器电源和控制系统两部分,其作用是供给激光器能量(固体激光器的光泵或 CO_2 激光器的高压直流电源)和设定输出方式(如连续或脉冲、重复频率等)进行控制。此外,工件或激光束的移动大多采用 CNC 控制。

为了实现聚焦点位置的自动调整,尤其当激光切割的工件表面不平整时,需采用焦点自动跟踪控制系统,通常用电感式或电容式传感器来实时检测,通过反馈来控制聚焦点的位置,其控制精度的要求一般为 $\pm(0.05\sim0.005)$mm。

4. 激光加工应用

国外激光加工设备和工艺发展迅速,现已拥有 100kW 的大功率 CO_2 激光器、1800W 级高光束质量的 Nd:YAG 固体激光器,可在光导纤维中传输进行多工位、远距离工作。激光加工设备功率大、自动化程度高,已普遍采用 CNC 控制、多坐标联动,并装有激光功率监控、自动聚焦、工业电视显示等辅助系统。例如,美国雷声公司研制的五坐标数控系统,可以切割、打孔和焊接,定位精度 0.0125mm,重复精度 $2.5\mu m$。美国阿波罗公司生产的 CO_2 激光加工机,集打孔焊接、切割、划线、微调、动平衡为一体。

目前激光在许多方面和领域得到广泛应用。可基本分为激光打孔、激光焊接、激光切割、激光表面热处理、激光刻字(打标)、激光快速成型等六大类。

1）激光打孔

激光打孔主要用于特殊材料或特殊工件上孔的加工,如仪表中的宝石轴承、陶瓷、玻璃、金刚石拉丝模等非金属材料和金刚石模具、硬质合金、不锈钢等金属材料的细微孔的加工。

激光打孔的效率非常高,功率密度通常为 $107\sim108$W/cm^2,打孔时间甚至可缩短至传统切削加工的百分之一以下。

激光打孔的尺寸公差等级可达 IT7,表面粗糙度 Ra 可达 $0.16\sim0.08\mu m$。打 $10\mu m$ 直径孔,精度可达 $1\mu m$。

2）激光焊接

激光焊接是以聚集的激光束作为能源的特种熔化焊接方法。将聚焦后的激光束(能量密度可达 $105\sim107$W/cm^2)的焦点调节到焊件结合处,光迅速转换成热能,使金属瞬间熔化,冷却凝固后即成为焊缝。

自动化焊接生产线普遍使用 CO_2 气体激光器等实现数控自动焊接。

3）激光切割

激光切割是激光加工中应用最广泛的一种方法,其主要优点是切割速度快、质量高、省材料、热影响区小、变形小、无刀具磨损、没有接触能量损耗、噪声小、易实现自动化,可以切割各种材料(金属、木材、纸、布料、皮革、陶瓷、塑料等),而且还可穿透玻璃切割真空管内的灯丝,由于以上诸多优点,深受各制造领域欢迎。不足之处是一次性投资较大,且切割深度受限。

4）激光表面热处理

当激光器对工件表面进行扫描,在极短的时间内使被加工材料加热到相变温度(由扫描速度决定时间长短),工件表层由于热量迅速向内传导快速冷却,实现了工件表层材料的相变硬化(即激光淬火)。

　　与其他表面热处理比较,激光热处理工艺简单,生产率高,工艺过程易实现自动化。一般无须冷却介质,对环境无污染,对工件表面加热快,冷却快,硬度比常温淬火高 15%～20%;耗能少,工件变形小,适合精密局部表面硬化及内孔或形状复杂零件表面的局部硬化处理。但激光表面热处理设备费用高,工件表面硬化深度受限,因而不适合大负荷的重型零件的热处理。

　　5) 激光刻字(打标)

　　激光可以在任何材料上刻字、打标,并且可以在不损伤表面层的情况下隔层刻字(医学开刀、碎石同理)。不需模具,只要编制好程序,设定好参数即可刻字。质量好而且快,对小批量、新品开发和生产发挥着极大优势。

快速成型技术 第章

13.1 概　　述

　　快速成型技术是 20 世纪 90 年代发展起来的一项先进制造技术,是为制造业企业新产品开发服务的一项关键共性技术,对促进企业产品创新、缩短新产品开发周期、提高产品竞争力有积极的推动作用。自该技术问世以来,已经在发达国家的制造业中得到了广泛应用,并由此产生一个新兴的技术领域。

　　快速成型制造技术,又叫快速成型技术(rapid prototyping,RP 或 rapid prototyping manufacturing,RPM)。在汽车应用行业叫 RP 样件。

　　RP 技术是在现代 CAD/CAM 技术、激光技术、计算机数控技术、精密伺服驱动技术以及新材料技术的基础上集成发展起来的。不同种类的快速成型系统因所用成型材料不同,成型原理和系统特点也各有不同。但是,其基本原理都是一样的,那就是"分层制造,逐层叠加",类似于数学上的积分过程。形象地讲,快速成型系统就像是一台"立体打印机"。

13.2 工作原理

　　快速成型技术是将计算机辅助设计(computer aided design,CAD),计算机辅助制造(computer aided manufacturing, CAM),计算机数字控制(computerized numerical control,CNC),精密伺服驱动、激光和材料科学等先进技术集于一体的新技术,其基本构思是:任何三维零件都可以看作许多等厚度的二维平面轮廓沿某一坐标方向叠加而成,因此依据计算机上构成的产品三维设计模型,可先将 CAD 系统内的三维模型切分成一系列平面几何信息,即对其进行分层切片,得到各层截面的轮廓,按照这些轮廓,激光束选择性地切割一层层的纸(或固化一层层的液态树脂,烧结一层层的粉末材料),或喷射源选择性地喷射一层层的黏结剂或热熔材料等,形成各截面轮廓并逐步叠加成三维产品。

13.3　分　　类

3D打印技术是一系列快速原型成型技术的统称,其基本原理都是叠层制造,由快速原型机在 X-Y 平面内通过扫描形式形成工件的截面形状,而在 Z 坐标间断地作层面厚度的位移,最终形成三维制件。目前市场上的快速成型技术分为 3DP 技术、FDM 熔融层积成型技术、SLA 立体平版印刷技术、SLS 选区激光烧结、DLP 激光成型技术和 UV 紫外线成型技术等。

(1) 3DP 技术　采用 3DP 技术的 3D 打印机使用标准喷墨打印技术,通过将液态黏结剂铺放在粉末薄层上,以打印横截面数据的方式逐层创建各部件,创建三维实体模型,采用这种技术打印成型的样品模型与实际产品具有同样的色彩,还可以将彩色分析结果直接描绘在模型上,模型样品所传递的信息量较大。

(2) FDM 熔融层积成型技术　FDM 熔融层积成型技术是将丝状的热熔性材料加热融化,同时三维喷头在计算机的控制下,根据截面轮廓信息,将材料选择性地涂敷在工作台上,快速冷却后形成一层截面。一层成型完成后,机器工作台下降一个高度(即分层厚度)再成型下一层,直至形成整个实体造型。其成型材料种类多,成型件强度高、精度较高,主要适用于成型小塑料件。

(3) SLA 立体平版印刷技术　SLA 立体平版印刷技术以光敏树脂为原料,通过计算机控制激光按零件的各分层截面信息在液态的光敏树脂表面进行逐点扫描,被扫描区域的树脂薄层产生光聚合反应而固化,形成零件的一个薄层。一层固化完成后,工作台下移一个层厚的距离,然后在原先固化好的树脂表面再敷上一层新的液态树脂,直至得到三维实体模型。该方法成型速度快,自动化程度高,可成型任意复杂形状,尺寸精度高,主要应用于复杂、高精度的精细工件快速成型。

(4) SLS 选区激光烧结技术　SLS 选区激光烧结技术是通过预先在工作台上铺一层粉末材料(金属粉末或非金属粉末),然后让激光在计算机控制下按照界面轮廓信息对实心部分粉末进行烧结,然后不断循环,层层堆积成型。该方法制造工艺简单,材料选择范围广,成本较低,成型速度快,主要应用于铸造业直接制作快速模具。

(5) DLP 激光成型技术　DLP 激光成型技术和 SLA 立体平版印刷技术比较相似,不过它是使用高分辨率的数字光处理器(DLP)投影仪来固化液态光聚合物,逐层进行光固化,由于每层固化时通过幻灯片似的片状固化,因此速度比同类型的 SLA 立体平版印刷技术速度更快。该技术成型精度高,在材料属性、细节和表面粗糙度方面可匹敌注塑成型的耐用塑料部件。

(6) UV 紫外线成型技术　UV 紫外线成型技术和 SLA 立体平版印刷技术比较类似,不同的是它利用 UV 紫外线照射液态光敏树脂,一层一层由下而上堆栈成型,成型的过程中没有噪声产生,在同类技术中成型的精度最高,通常应用于精度要求高的珠宝和手机外壳等行业。

13.4　3D 打印技术

13.4.1　3D 打印概述

3D 即三维(three-dimensional),"维"即维度、方向。

直线是一维的,可以在直线上建立一个 X 轴,如图 13-1(a)所示,坐标 $P(z)$ 就能描述点 P 在直线上的位置。

平面是二维的,可以在平面上建立一个平面直角坐标系 XOY,如图 13-1(b)所示。坐标 $P(x,y)$ 就能描述点 P 在平面上的位置。

空间是三维的,可以在空间里建立一个空间直角坐标系,如图 13-1(c)所示,坐标 $P(x,y,z)$ 就能描述点 P 在空间的位置。三维是最熟悉的,因为我们就生活在三维空间里,生活中常用左右、前后、上下 3 个方向来描述,用长、宽、高来度量。

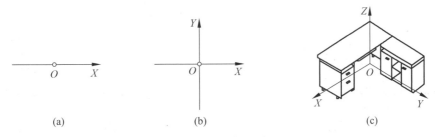

(a)　　　　　　　　　(b)　　　　　　　　　(c)

图 13-1　坐标轴和坐标系

要理解 3D 打印,先要了解"减材制造"和"增材制造"两种制造方式。

什么是"减材制造"? 去餐厅吃饭,厨师会在盘子里放一个萝卜雕刻的花作为装饰。这朵花的原料是一整块萝卜,用刀具切除多余的部分,留下想要的造型,如图 13-2 所示,这就是减材制造。减材制造是制造业长期以来常用的加工方法,传统的车、铣、刨、钻、磨等切削加工方法都属于减材制造。

什么是"增材制造"? 蛋糕店的师傅在做奶油蛋糕时,会用一个袋子装上奶油并从一个小口中挤出,就可以堆积出漂亮的造型,如图 13-3 所示,这就是增材制造。

图 13-2　萝卜雕花(图片来自网络)

图 13-3　蛋糕裱花(图片来自网络)

3D打印采用的就是增材制造技术。根据材料堆积方式的不同,又有多种工艺。但不论采用哪种工艺,都离不开一种思路——"切片"。图13-4是博物馆展出的切片标本,将生物标本沿某个方向按一定厚度切成薄片,观察其中的某一片,就可以看到该位置的生物组织。3D打印技术的基本思路就是"切片",计算机先将物体(实际上是物体的虚拟设计文件)沿 Z 轴方向切成薄片,这些薄片平行于 XOY 平面,如图13-5所示。加工时,先制造最底下的那层薄片(二维),再在上方制造一层薄片,就这样自下而上(第三维)逐层累加出三维实体。

图13-4 鱼的切片标准(图片来自网络)

图13-5 对圆台切片(图片来自网络)

13.4.2 3D 打印的工艺类型

下面是几种典型的 3D 打印技术。在这里,不追求全面罗列,也不考究技术出现的先后顺序,仅为了方便读者理解。

1. 分层实体制造

如图13-5所示的圆台,计算机将它沿高度方向(Z 轴)切片,每片都是一个薄薄的圆台(下大上小)。从理论上来说,只要切片足够薄,就可以认为圆台的上底面圆和下底面圆相同,这样的切片可以用激光切割薄片(纸、塑料或金属材料的薄片)获得。激光切割出所有的切片后,逐层叠加在一起就可以制造出三维实体,这就是分层实体制造(laminated object manufacturing,LOM)工艺的原理。

LOM 工艺只需要使用激光束沿切片的轮廓进行切割,所以成型速度较快。但毕竟材料是有一定厚度的,堆叠出的造型表面有台阶纹理(原料越厚台阶纹理越明显),较难构建形状精细、多曲面的零件。

图13-6是布鲁克林的艺术家 Scott Campbell 用激光切割纸币并堆叠出的骷髅造型。从图中可以看出两点:①这位艺术家相当有钱;②他在制作时是多层纸币切割出一层造型。如果造型切片厚度是单层纸币的厚度,堆叠出的造型会更细腻,但这么做就失去了艺术感——这也是艺术与工业制造的区别。

图13-7是用瓦楞纸切割并堆叠出的灯罩造型,瓦楞纸板材较厚,从图中可以看出层与层之间明显的"台阶"。

2. 熔融堆积成型

熔融堆积成型(fused deposition modelin,FDM)工艺使用热塑性材料制成的细丝(直径

图 13-6　艺术家的纸币堆叠作品

图 13-7　瓦楞纸切割堆叠的灯罩造型

为 1.75mm、3mm 等),将细丝送入有加热功能的喷嘴以熔化,从喷嘴挤压出半熔状态的更细的丝(0.4mm 甚至更细),就像图 13-8 所示的挤牙膏。喷嘴在一个平面内运动(二维),细丝勾勒出切片的轮廓并来回扫描以填充轮廓,如图 13-9 所示。打印完成一层切片后,喷嘴向上移动(或是承载模型的平台向下移动)一个切片的厚度,喷嘴继续吐丝打印新一层切片。

图 13-8　挤牙膏

图 13-9　FDM 打印模型某一层

　　FDM 的优点在于其打印技术可以简化为技术含量相对较低的版本,目前桌面式 3D 打印机普遍采用的就是 FDM 技术。

3. 光固化成型

　　光固化成型(stereo lithography apparatus,SLA)工艺使用液体的光敏聚合物,这种材料被 UV 光(ultraviolet,紫外线)照射后会凝固硬化。打印原理,是先平铺一层光敏聚合物,用 UV 光束扫描,被扫描到的部分硬化,之后再平铺一层光敏聚合物,再扫描,逐层叠抽出三维实体。

4. 激光烧结

　　激光烧结(selective laser sintering,SLS)工艺使用粉末(塑料、金属、陶瓷或玻璃等),打印时在粉床上铺薄薄的一层粉末,用高功率激光束扫描粉末,被照射到的粉末熔化烧结在一起,再铺粉末、再用激光扫描烧结,逐层叠加出三维实体。这种工艺有个好处,下层未被烧结的粉末对上层有支撑作用,可以制造出以前不可能制造的几何体。

5. 三维打印

　　"三维打印"(three-dimensional printing,3DP)与"3D 打印"很容易混淆。有人会说这

不是一回事吗？是的，从字面上看它们就是一样的。但在这里，"3D 打印"统指所有的 3D 打印工艺，而"三维打印"是其中的一种工艺，是美国麻省理工学院的学生保罗·威廉姆斯和他的导师伊莱·萨克斯教授发明的，并于 1989 年申请了专利。与 SLS 相似，3DP 工艺使用粉末，但不是用激光烧结，而是喷胶水到相应的粉末上以黏合出一层切片。3DP 可以在胶水中加入彩色墨水，以制造出全彩色三维模型，这是 3DP 的突出优势。

还有其他的 3D 打印工艺，并且新工艺也在不断地产生。

13.5　熔融堆积打印的实现过程

很多人听到、看到 3D 打印时，都会觉得很神奇、很好玩，会迫不及待地到网上下载一个模型文件，然后开始打印。用打印机打印，只是 3D 打印的最后一个环节，如果仅仅是下载别人的文件并打印，跟在商店里买一个商品又有什么区别呢？它依然是别人的设计，而不是自己的创新，也就失去了使用 3D 打印机的意义——快速物化自己的创意。因此有必要了解 3D 打印从设计到实现的完整流程，并学会使用其中的工具软件。

以 FDM 工艺为例，3D 打印的工具软件链大概可以划分为两部分，即 CAD 工具和 CAM 工具。

13.5.1　用 CAD 工具进行设计

1. 软件

计算机辅助设计工具用于为打印设计 3D 模型。真正意义上的 CAD 设计软件是基于参数的，能让用户轻松改变和操控设计零件，有时 CAD 文件也被称为参数文件。这类软件有 PTC Creo(以前的 Pro/Engineer)、Solidworks、Autodesk、Inventor 等。

另一个较为宽松的 CAD 门类，常用于特殊效果和艺术应用等，使用起来似乎更人性化，如 3DS Max、SketchUp 等。

2. 文件

大多数情况下，不同的 3D 设计软件都以自己特定的格式保存文件，如 Solidworks 存为 .dwg、中望 3D 存为 .Z3。DWG、Z3 等格式都不能直接用于 3D 打印，广泛用于计算机辅助制造的文件格式是 STL。

模型设计完毕，要用 CAD 软件将模型输出为 STL 格式的文件。

13.5.2　用 CAM 工具与打印机交互

3D 打印机是 CNC 数控设备的一种。数控设备依照预设好的指令自动进行加工，这样的制造过程叫作计算机辅助制造。计算机辅助制造的过程，需要"告诉"数控设备如何工作，如以多高的速度、什么样的路径、运动到什么位置等，通常使用一种叫作 G 代码(G-code)的计算机语言。

当下载或用 CAD 软件设计一个模型(STL 格式)后，要用 CAM 软件打印它。以 FDM

工艺为例,CAM 工具软件包括切片软件、打印机通信软件和打印机控制器固件三部分。

切片软件用于对模型进行切片,并生成打印机各轴运动和挤出机动作的 G 代码。本书中会用到开源软件 Slic3r。

打印机通信软件即上位机软件,作用是将 G 代码发送给 3D 打印机。

打印机控制器固件(firmware)安装在打印机的控制器中,用于指挥打印机的电子系统对 G 代码做出反应。

13.5.3 3D 打印机简介

本章以 UP BOX 打印机为例,来讲解 3D 打印机的基本操作及使用技巧。

1. 打印机图解

打印机图解如图 13-10～图 13-13 所示。

UP BOX 打印机总体可分为外部结构和内部结构。外部结构主要起到构成封闭打印空间、存放原材料、打印控制的作用,结构包括上盖、前门、丝盘架、丝盘、丝盘磁力盖、打印机控制键等;内部结构是打印机的核心,由打印机的动力机构、执行机构、辅助机构组成,其中动力机构由电机、皮带、丝杠、光杆及滑块等组成,执行机构由打印输送头、风扇、喷嘴及风速操纵杆等组成,辅助机构包括空气过滤器、风扇和 LED 指示灯等模块。

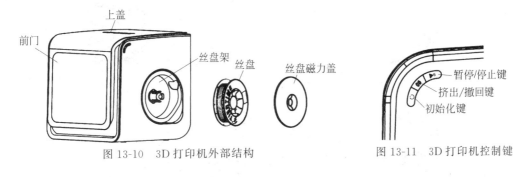

图 13-10　3D 打印机外部结构　　　　图 13-11　3D 打印机控制键

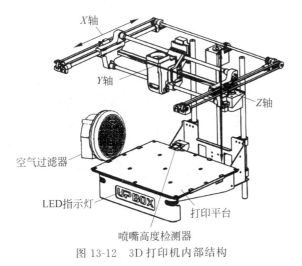

图 13-12　3D 打印机内部结构

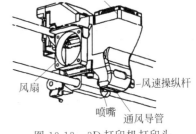

图 13-13　3D 打印机打印头

2. 打印机初始化

机器每次打开时都需要初始化。在初始化期间,打印头和打印平台缓慢移动,并会触碰到 XYZ 轴的限位开关。这一步很重要,因为打印机需要找到每个轴的起点。只有在初始化之后,软件其他选项才会亮起供选择使用。

初始化的两种方式:

(1) 通过单击上述软件菜单中的"初始化"选项,可以对 UP BOX＋进行初始化。

(2) 当打印机空闲时,长按打印机上的初始化按钮也会触发初始化。

初始化按钮的其他功能按钮:

(1) 停止当前的打印工作:在打印期间,长按按钮。

(2) 重新打印上一项工作:双击该按钮。

3. 自动平台校准

平台校准是成功打印最重要的步骤,因为它确保第一层的黏附。理想情况下,喷嘴和平台之间的距离是恒定的,但在实际中,由于很多原因(例如,平台略微倾斜),距离在不同位置会有所不同,这可能造成作品翘边,甚至是完全失败。幸运的是,UP BOX＋具有自动平台校准和自动喷嘴对高功能。通过使用这两个功能,校准过程可以快速方便地完成,如图 13-14 所示。

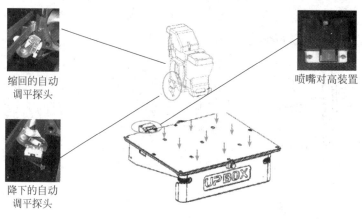

缩回的自动
调平探头

喷嘴对高装置

降下的自动
调平探头

图 13-14　平台校准

在校准菜单中,选择"自动水平校准",校准探头将被放下,并开始探测平台上的 9 个位置。在探测平台之后,调平数据将被更新,并储存在机器内,调平探头也将自动缩回。

当自动调平完成并确认后,喷嘴对高将会自动开始。打印头会移动至喷嘴对高装置上方,最终,喷嘴将接触并挤压金属薄片 以完成高度测量。

校准小诀窍:

(1) 在喷嘴未被加热时进行校准。

(2) 在校准之前清除喷嘴上残留的塑料。

(3) 在校准前,请把多孔板安装在平台上。

(4) 平台自动校准和喷头对高只能在喷嘴温度低于 80℃ 状态下进行。

如果在自动调平之后出现持续的翘边问题,这可能是由于平台严重不平并超出了自动调平功能的调平范围。在这种情况下,应当在自动调平之前尝试手动粗调。

4. 手动平台校准

通常情况下,手动校准非必要步骤。只有在自动调平不能有效调平平台时才需要。

UP BOX＋的平台之下有 4 颗手调螺母。两颗在前面,两颗在平台后下方。可以上紧或松开这些螺母以调节平台的平度。

在校准页面,可使用"复位"按钮将所有补偿值设置为零。然后使用九个编号的按钮在校准页面,按钮将平台移动到不同的位置。也可以使用"移动"按钮将打印平台移动到特定高度。

首先将打印头移动到平台中心,并将平台移动到几乎触到喷嘴(也即,喷嘴高度)的位置。请使用校准卡来确定正确的平台高度。

尝试移动校准卡,并感觉其移动时的阻力。通过在平台高度保持不变的状态下移动打印头和调节螺丝,确保可以在所有 9 个位置都能感觉到近似的阻力,如图 13-15 所示。

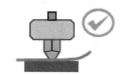

平台过高,喷嘴将校准卡钉　　当移动校准卡时可以感受到　　平台过低,当移动校准卡
到平台上,略微降低平台　　　一定阻力。平台高度适中　　　时无阻力,略微升高平台

图 13-15　平台校准高度标准

5. 准备打印

(1) 确保打印机打开,并连接到计算机。单击软件界面上的"维护"按钮。

(2) 从材料下拉菜单中选择 ABS 或所学材料,并输入丝材质量。

(3) 单击"挤出"按钮,打印头将开始加热,在大约 5min 之后,打印头的温度将达到熔点,比如,对于 ABS 而言,温度为 260℃。在打印机将发出蜂鸣后,打印头开始挤出丝材。

(4) 轻轻地将丝材插入打印头上的小孔。丝材在达到打印头内的挤压机齿轮时,会被自动带入打印头。

(5) 检查喷嘴挤出情况,如果塑料从喷嘴出来,则表示丝材加载正确,可以准备打印。(挤出动作将自动停止)。

6. 打印机控制按钮

UP BOX＋3D 打印机的控制按钮主要有:单击按钮、双击按钮、长按按钮三部分。其功能如图 13-16 所示。

7. 软件界面

在打印前需提前设置好打印参数、打印类型等。单击软件界面的图标,打开控制面板,单击 ▌ 图标建立一个新账户(见图 13-17),再选择合适的连接类型、打印机名称、选择适当的喷嘴和平台温度及材料等(见图 13-18)。

打印机的控制按钮有两种,一种是 ▌ 按钮,通过该按钮可以对物体进行移动、缩放、旋转等;一种是 ▌ 按钮,主要作用是保存、固定模型、删除等,如图 13-19 所示。

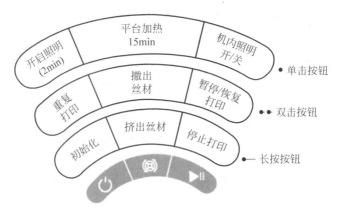

图 13-16 打印机控制按钮

图 13-17 UP Studio 软件界面(1)

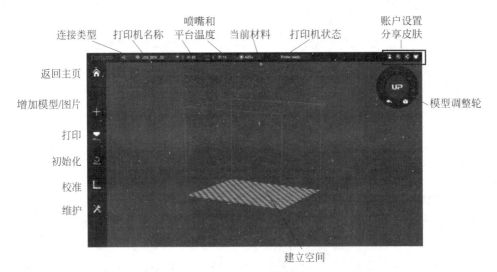

图 13-18 UP Studio 软件界面(2)

8. 打印设置

在打印开始前,应先设置好层厚、选择合适的填充物类型、设定适当的打印速度及其他的一些选项,如图 13-20 所示。

图 13-19　UP Studio 控制按键

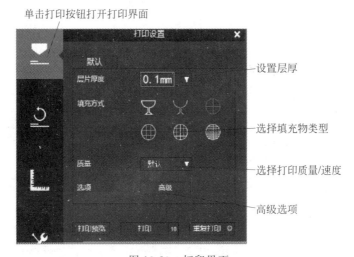

图 13-20　打印界面

即使同一打印机选择相同材料,在不同的填充类型下,也会打印出不同密度的物体,如图 13-21 所示。

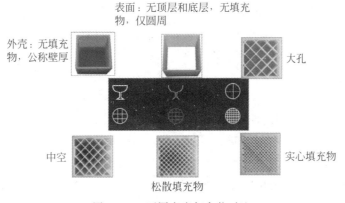

图 13-21　不同密度打印物对比

9. 打印技巧

1）确保精确的喷嘴高度

喷嘴高度值过低将造成变形，过高将使喷嘴撞击平台，从而造成损伤和堵塞。用户可以在"校准"界面手动微调喷嘴的高度值，可以基于之前的打印结果，尝试加减 0.1～0.2mm 调节喷嘴的高度值。

2）正确校准打印平台

未调平的平台通常会造成翘边。进行充分预热，请使用"打印"界面中的预热功能。一个充分预热的平台对于打印大型作品并确保不产生翘边至关重要。

3）通过旋转气流调节杆更改打印物体的受风量

通常情况下，冷却越充分，打印质量越高。冷却还可以使基底和支撑更好剥离。但是，冷却可能导致翘边，特别是 ABS。简单来讲，PLA 可全开，而 ABS 可以关闭。对于 ABS＋材料，推荐半开。增加风量能够改善精细和突出结构的打印质量，如图 13-22 所示。

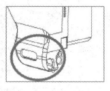

气流调节杆

通风导管关闭   通风导管完全打开

图 13-22   通风导管

4）无基底打印

强烈建议在正常打印时使用基底，因为它可以使打印的物体更好地贴合在平台上，而且自动调平需打印基底才能生效，因此默认情况下该功能为打开。用户可以在"打印选项"面板中将其关闭。

5）无支撑打印

用户可以选择不生成支撑结构，通过在"打印选项"面板中选择"无支撑"关闭支撑。但是，仍将产生 10mm 的支撑提供稳定的基座。

10. 维护

更换喷嘴：经过长时间的使用，打印机喷嘴会变得很脏甚至堵塞。用户可以更换新喷嘴，老喷嘴可以保留，清理干净后可以再用。

（1）用维护界面的"撤回"功能，令喷嘴加热至打印温度。

（2）戴上隔热手套，用纸巾或棉花把喷嘴擦干净。

（3）使用打印机附带的喷嘴扳手把喷嘴拧下来。

（4）堵塞的喷嘴可以用很多方法去疏通，比如，先在丙酮溶液中浸泡，待堵塞喷嘴的材料细丝溶解后，用 0.4mm 钻头钻通，再用热风枪吹通或者用火烧掉堵塞的塑料。

11. 疑难解答

问　　题	解　　答
打印头和平台无法加热至目标温度或过热	初始化打印机
	加热模块损坏，更换加热模块
	加热线损坏，更换加热线
丝材不能挤出	从打印头抽出丝材，切断熔化的末端，然后将其重新装到打印头上
	塑料堵塞喷嘴，替换新的喷嘴，或移除堵塞物
	丝材过粗，通常在使用质量不佳的丝材时会发生这种情况，请使用正规品牌丝材
	对于某些模型，如果 PLA 不断造成问题，切换到 ABS
不能检查打印机	确保打印机驱动程序安装正确
	检查 USB 电缆是否有缺陷
	重启打印机和计算机

第 4 篇

机电设计及创新

机电类产品设计可以分为机械设计和电气设计两部分。

机电类产品设计的很多经验都是靠失败总结过来的,唯有失败过才让人体会深刻,否则别人传授的经验都还需要去试错一遍。

机械设计与机械制造均有其各自的技术要求与需求,机械设计是机械制造的前提,也是关键。机械制造一般是以设计为基础,好的设计可以提高机械产品的性能,确保机器的质量可靠性。

机械设计的前提是明确机械的结构、传递和运动方式以及零件尺寸等,只有掌握了具体要求,才能进行设计。机械设计必须以实际需求为根本进行设计,而机械设计贵在创造,需要有经验的设计师将所掌握的理论和实践经验运用其中,在确保安全和机械质量的前提下,进行创新设计。

机电类产品的创新就是把机械设计与电气、气动、液压有效地结合起来,但不可否认的一个事实是,机械行业不像电气行业发展迅猛,现代机械行业的发展也是由电气工业带动的。

本书"第 4 篇:机电设计及创新"从实践出发,结合部分案例分析,为读者提供一个"开阔视野"的机会。

在机器人技术章节,对机器人技术、控制技术、传感器等知识点进行介绍,为读者开发创新提供指导。

机械设计实践

14.1　概　　述

　　机械设计是根据使用要求对机械的工作原理、结构、运动方式、力和能量的传递方式、各个零件的材料和形状尺寸、润滑方法等进行构思、分析和计算并将其转化为具体的描述以作为制造依据的工作过程。

　　机械设计是机械工程的重要组成部分，是机械生产的第一步，是决定机械性能的最主要的因素。机械设计的努力目标是：在各种限定的条件下（如材料、加工能力、理论知识和计算手段等）设计出最好的机械，即做出优化设计。优化设计需要综合地考虑许多要求，一般有：最好工作性能、最低制造成本、最小尺寸和质量、使用中最可靠、最低消耗和最少环境污染。这些要求常是互相矛盾的，而且它们之间的相对重要性因机械种类和用途的不同而异。设计者的任务是按具体情况权衡轻重，统筹兼顾，使设计的机械有最优的综合技术经济效果。过去，设计的优化主要依靠设计者的知识、经验和远见。随着机械工程基础理论和价值工程、系统分析等新学科的发展，制造和使用的技术经济数据资料的积累，以及计算机的推广应用，优化逐渐舍弃主观判断而依靠科学计算。

14.2　机械设计开发流程

　　做机械设计必须有一个清晰的设计主线，清楚整个设计的流程。针对市场及实际需求，按照客户需求，对机械设计开发流程的总结如图 14-1 所示。

14.3　常用零配件

14.3.1　机构类

　　常用机构类零配件见表 14-1 所示。

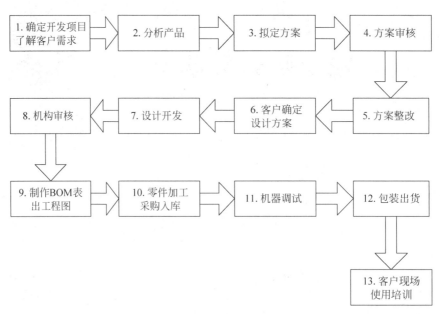

图 14-1　机械设计开发流程图

表 14-1　常用机构类零配件

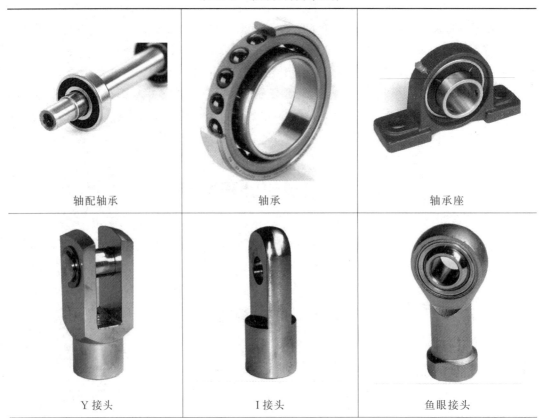

续表

滚珠丝杠	直线轴承	直线轴承导轨
线性导轨	型材	脚杯
脚码	合页	脚轮
三相异步电动机	减速电动机	步进电动机

续表

伺服电动机

梅花联轴器

膜片联轴器

分割器

行星减速机

行星减速机结构

谐波减速机

谐波减速机结构

RV减速机

振动盘

同步带轮

皮带

单排链轮	链条	万向节

14.3.2 气动类

常见气动类零配件见表 14-2。

表 14-2 常见气动类零配件

标准气缸	笔形气缸	回转气缸
气动手指	阻挡气缸	大口径开口夹
无杆气缸	滑台气缸	双轴气缸

续表

夹紧气缸

浮动接头

油压缓冲器

接头

手阀

调速阀

三通

四通

调压过滤器

气源处理器	气泵	气体支撑杆

14.3.3　液压类

常见液压类零配件见表 14-3。

表 14-3　常见液压类零配件

活塞式液压缸	双出头油缸	小型油泵
		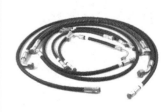
阀	过滤器	油管

14.3.4　工业机器人

常见工业机器人见表 14-4。

表 14-4　常见工业机器人

库卡	安川	发那科
ABB	那智不二越	爱普生
SCARA 机器人	DELTA 机器人	冲压机械手

14.4　常用机械设计软件

要从事机械设计工作,必须安装相关的软件,按正规的方式来设计,会事半功倍,而找不到正确的设计方法必然导致事倍功半。以下介绍相关的软件:

(1) Solidworks 绘图软件(常用机械三维设计软件还有 UG、CATIA、Pro/E、犀牛);

(2) 二维绘图软件(AutoCAD、CAXA);

(3) 机械设计手册软件;

(4) 各个厂家开源的插件、标准库;

(5) 有限元分析软件(ABAQUS、ANSYS、Hypermesh)。

14.5　常用机械设计结构

1. 气缸＋轴(见图 14-2)

优点:成本最低。

缺点:

(1) 使用气缸,通常只能两点间移动,过程中不能停止;

(2) 使用直线轴承及轴,水平传动时所受的负载不宜过大;

(3) 使用气缸,所以行程适宜短距离,300mm 以内较多。

图 14-2　气缸＋轴结构应用

2. 气缸＋直线滑轨（见图 14-3）

优点：滑轨水平传动时可以承受的负载相对直线轴来说要大很多。

缺点：使用气缸，通常只能两点间移动，过程中不能停止。

图 14-3　气缸＋直线滑轨结构应用

3. 电动机＋皮带＋滑轨（见图 14-4）

优点：步进电动机或伺服电动机，可以通过驱动器控制任意某处停止，可以多位置传动。

缺点：使用皮带，所以精度不高，一般精度在 0.1mm 左右。

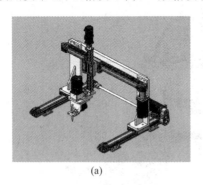 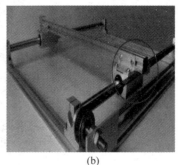

(a)　　　　　　　　　　　　　　　(b)

图 14-4　电动机＋皮带＋滑轨结构应用

(a) XYZ 三轴运动平台；(b) 皮带滑轨机构

4. 电机＋齿条＋滑轨（见图 14-5）

优点：

(1) 齿条可以长距离传动，但加工难度大，价格仅次于丝杠传动。

(2) 滑轨传动时可以承受的负载相对轴来说要大很多。

（3）电动机可以通过驱动器控制任意某处停止，可以多位置传动。

缺点：齿轮齿条啮合有反向间隙，精度在 0.1mm 以上，精度不是很高。

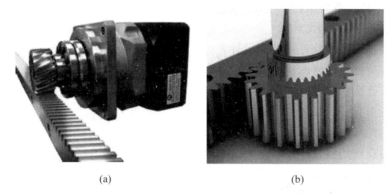

(a)　　　　　　　　　　　(b)

图 14-5　电动机＋齿条＋滑轨结构应用

（a）斜齿配合；（b）直齿配合

5. 电动机＋丝杠＋轴或滑轨（见图 14-6）

优点：精度高，丝杠机构精度高，一般可以达到 0.02mm。

缺点：成本高。

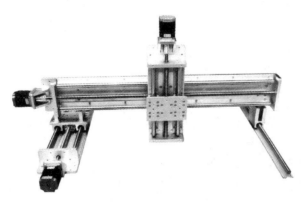

图 14-6　电动机＋丝杠＋轴或滑轨结构应用

14.6　实际设计注意事项

以下注意事项全部来自多年从事机械设计工程师的总结：

（1）提高强度和刚度的结构设计；

（2）提高耐磨性的结构设计；

（3）提高精度的结构设计；

（4）考虑人机工程学的结构设计问题；

（5）发热、腐蚀、噪声等问题的结构设计；

(6) 铸造结构设计；

(7) 锻造和冲压件结构设计；

(8) 焊接零件毛坯的结构；

(9) 机械加工件结构设计；

(10) 热处理和表面处理件结构设计；

(11) 考虑装配和维修的机械结构设计；

(12) 螺纹连接结构设计；

(13) 定位销、连接销结构设计；

(14) 黏结件结构设计；

(15) 键与花键结构设计；

(16) 过盈配合结构设计；

(17) 挠性传动结构设计；

(18) 齿轮传动结构设计；

(19) 蜗杆传动结构设计；

(20) 减速器和变速器结构设计；

(21) 传动系统结构设计；

(22) 联轴器、离合器结构设计。

电气控制设计实践

15.1 概　述

电气控制系统一般称为电气设备二次控制回路,不同的设备有不同的控制回路,而且高压电气设备与低压电气设备的控制方式也不相同。具体来说,电气控制系统是指由若干电气原件组合,用于实现对某个或某些对象的控制,从而保证被控设备安全、可靠地运行,其主要功能有:自动控制、保护、监视和测量。它的构成主要有三部分:输入部分(如传感器、开关、按钮等)、逻辑部分(如继电器、触电等)和执行部分(如电磁线圈、指示灯等)。

15.2 工艺设计及主要功能

电气控制系统工艺设计的目的是为了满足电气控制设备的制造和使用要求。在完成电气原理图设计及电气元件选择之后,就可以进行电气控制设备的总体配置,即总装配图和总接线图的设计,然后再设计各部分的电气装配图与接线图,并列出各部分的元件目录、进出线号以及主要材料清单等技术资料,最后编写使用说明书。

1. 电气系统设计原则

电气系统的设计原则,有以下四点:
(1) 最大限度地实现生产机械和工艺对电气控制线路的要求;
(2) 在满足生产要求的前提下,力求使控制线路简单、经济;
(3) 保证控制线路工作的可靠性和安全性;
(4) 操作和维修方便。

2. 电气控制系统设计的基本内容

(1) 拟定电气设计任务书;
(2) 确定电力拖动方案与控制方式;
(3) 选择电动机容量、结构形式;
(4) 设计电气控制原理图,计算主要技术参数;

（5）选择电气元件，制定电气元件一览表；

（6）编写设计计算说明书。

其中，电气控制原理图是整个设计的中心环节，因为电气控制原理图是工艺设计和制定其他技术资料的依据。

为了保证一次设备运行的可靠与安全，需要有许多辅助电气设备为之服务，能够实现某项控制功能的若干个电气组件的组合，称为控制回路或二次回路。这些设备要有以下功能：

（1）自动控制功能　高压和大电流开关设备的体积是很大的，一般都采用操作系统来控制分、合闸，特别是当设备出了故障时，需要开关自动切断电路，要有一套自动控制的电气操作设备，对供电设备进行自动控制。

（2）保护功能　电气设备与线路在运行过程中会发生故障，电流（或电压）会超过设备与线路允许工作的范围与限度，这就需要一套检测这些故障信号并对设备和线路进行自动调整（断开、切换等）的保护设备。

（3）监视功能　电是眼睛看不见的，一台设备是否带电或断电，从外表看是无法分辨的，这就需要设置各种视听信号，如灯光和音响等，对一次设备进行电气监视。

（4）测量功能　灯光和音响信号只能定性地表明设备的工作状态（有电或断电），如果想定量地知道电气设备的工作情况，还需要有各种仪表测量设备，测量线路的各种参数，如电压、电流、频率和功率的大小等。

在设备操作与监视当中，传统的操作组件、控制电器、仪表和信号等设备大多可被计算机控制系统及电子组件所取代，但在小型设备和局部控制的电路中仍有一定的应用范围。这也都是电路实现微机自动化控制的基础。

15.3　PLC　技　术

15.3.1　PLC技术介绍

PLC的中文翻译为可编程逻辑控制器，是一种专门为在工业环境下应用而设计的数字运算操作电子系统。它采用一种可编程的存储器，在其内部存储执行逻辑运算、顺序控制、定时、计数和算术运算等操作的指令，通过数字式或模拟式的输入/输出来控制各种类型的机械设备或生产过程。

随着我国工农业生产的迅速发展，各种各样的电气设备也随之增加。在生产实践中，广大从事电气技术的工程技术人员包括工人都要接触到各种各样的电气控制电路，因此，掌握电气控制电路的原理与使用已成为每一位电气工程技术人员的必备素质。

可编程逻辑控制器（PLC）是在电气控制技术、计算机技术和通信技术的基础上开发出来的，现已广泛应用于工业控制各个领域，在就业竞争日趋激烈的今天，掌握PLC的设计和应用是从事工业控制的技术人员必须掌握的一门专业技术。

15.3.2 PLC 常见应用

1. 开关量的逻辑控制

这是 PLC 最基本、最广泛的应用领域,它取代传统的继电器电路,实现逻辑控制、顺序控制,既可用于单台设备的控制,也可用于多机群控及自动化流水线。

2. 模拟量控制

在工业生产过程当中,有许多连续变化的量,如温度、压力、流量、液位和速度等都是模拟量,为了使可编程控制器处理模拟量,必须实现模拟量和数字量之间的 A/D 转换及 D/A 转换。PLC 厂家都生产配套的 A/D 和 D/A 转换模块,使可编程控制器用于模拟量控制。

3. 运动控制

PLC 可以用于圆周运动或直线运动的控制。从控制机构配置来说,早期直接用于开关量 I/O 模块连接位置传感器和执行机构,现在一般使用专用的运动控制模块。世界上主要 PLC 生产厂家的产品几乎都有运动控制功能,广泛用于各种机械、机床、机器人、电梯等场合。

4. 过程控制

过程控制是指对温度、压力、流量等模拟量的闭环控制。作为工业控制计算机,PLC 能编制各种各样的控制算法程序,完成闭环控制。过程控制在冶金、化工、热处理、锅炉控制等场合有非常广泛的应用。

5. 数据处理

现代 PLC 具有数学运算、数据传送、数据转换、排序、查表、位操作等功能,可以完成数据的采集、分析及处理。数据处理一般用于大型控制系统,如无人控制的柔性制造系统;也可用于过程控制系统,如造纸、冶金、食品工业中的一些大型控制系统。

6. 通信及联网

PLC 通信含 PLC 间的通信及 PLC 与其他智能设备间的通信。随着计算机控制的发展,工厂自动化网络发展得很快,各 PLC 厂商都十分重视 PLC 的通信功能,纷纷推出各自的网络系统。

15.3.3 PLC 基本结构

可编程逻辑控制器实质是一种专用于工业控制的计算机,其硬件结构基本上与微型计算机相同,基本构成详细描述如下:

(1)电源 电源用于将交流电转换成 PLC 内部所需的直流电,目前大部分 PLC 采用开关式稳压电源供电。

（2）中央处理器（CPU）　PLC 的控制中枢，也是 PLC 的核心部件，其性能决定了 PLC 的性能。中央处理器由控制器、运算器和寄存器组成，这些电路都集中在一块芯片上，通过地址总线、控制总线与存储器的输入/输出接口电路相连。中央处理器的作用是处理和运行用户程序，进行逻辑和数学运算，控制整个系统使之协调。

（3）存储器　具有记忆功能的半导体电路，它的作用是存放系统程序、用户程序、逻辑变量和其他一些信息。其中系统程序是控制 PLC 实现各种功能的程序，由 PLC 生产厂家编写，并固化到只读存储器（ROM）中，用户不能访问。

（4）输入单元　PLC 与被控设备相连的输入接口，是信号进入 PLC 的桥梁。它的作用是接收主令元件、检测元件传来的信号。输入的类型有直流输入、交流输入、交直流输入。

（5）输出单元　PLC 与被控设备之间的连接部件。它的作用是把 PLC 的输出信号传送给被控设备，即将中央处理器送出的弱电信号转换成电平信号，驱动被控设备的执行元件。输出的类型有继电器输出、晶体管输出、晶闸门输出。

PLC 除上述几部分外，根据机型的不同还有多种外部设备，其作用是帮助编程、实现监控以及网络通信。常用的外部设备有编程器、打印机、盒式磁带录音机、计算机等。PLC 基本结构图如图 15-1 所示。

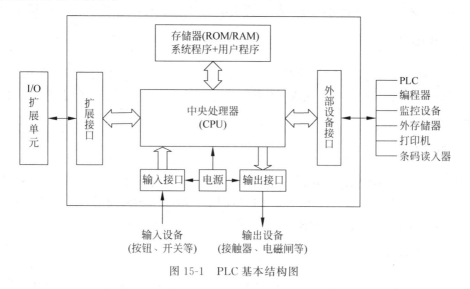

图 15-1　PLC 基本结构图

15.3.4　PLC 型号选择

PLC 产品的种类繁多。PLC 的型号不同，对应着其结构形式、性能、容量、指令系统、编程方式、价格等均各不相同，适用的场合也各有侧重。因此，合理选用 PLC，对于提高 PLC 控制系统的技术经济指标有着重要意义。

1. PLC 机型

PLC 的选择主要应从 PLC 的机型、容量、I/O 模块、电源模块、特殊功能模块、通信联网能力等方面加以综合考虑。PLC 机型选择的基本原则是在满足功能要求及保证可靠、维护方便的前提下,力争最佳的性能价格比。选择时应主要考虑到合理的结构形式,安装方式的选择、相应的功能要求、响应速度要求、系统可靠性的要求、机型尽量统一等因素。

2. 结构形式

PLC 主要有整体式和模块式两种结构形式。

整体式 PLC 的每一个 I/O 点的平均价格比模块式的便宜,且体积相对较小,一般用于系统工艺过程较为固定的小型控制系统中;而模块式 PLC 的功能扩展灵活方便,在 I/O 点数、输入点数与输出点数的比例、I/O 模块的种类等方面选择余地大,且维修方便,一般用于较复杂的控制系统。

3. 安装方式

PLC 系统的安装方式分为集中式、远程 I/O 式以及多台 PLC 联网的分布式。

集中式不需要设置驱动远程 I/O 硬件,系统反应快、成本低;远程 I/O 式适用于大型系统,系统的装置分布范围很广,远程 I/O 可以分散安装在现场装置附近,连线短,但需要增设驱动器和远程 I/O 电源;多台 PLC 联网的分布式适用于多台设备分别独立控制,又要相互联系的场合,可以选用小型 PLC,但必须要附加通信模块。

4. 功能要求

一般小型(低档)PLC 具有逻辑运算、定时、计数等功能,对于只需要开关量控制的设备都可满足。

对于以开关量控制为主,带少量模拟量控制的系统,可选用能带 A/D 和 D/A 转换单元,具有加减算术运算、数据传送功能的增强型低档 PLC。对于控制较复杂,要求实现 PID 运算、闭环控制、通信联网等功能的系统,可视控制规模大小及复杂程度,选用中档或高档 PLC。但是中、高档 PLC 价格较贵,一般用于大规模过程控制和集散控制系统等场合。

5. 响应速度

PLC 是为工业自动化设计的通用控制器,不同档次 PLC 的响应速度一般都能满足其应用范围内的需要。如果要跨范围使用 PLC,或者某些功能或信号有特殊的速度要求时,则应该慎重考虑 PLC 的响应速度,可选用具有高速 I/O 处理功能的 PLC,或选用具有快速响应模块和中断输入模块的 PLC 等。

6. 可靠性

对于一般系统 PLC 的可靠性均能满足。对可靠性要求很高的系统,应考虑是否采用冗余系统或热备用系统。

7. 机型尽量统一

一个企业,应尽量做到 PLC 的机型统一。主要考虑到以下三方面问题:
(1) 机型统一,其模块可互为备用,便于备品备件的采购和管理。

（2）机型统一，其功能和使用方法类似，有利于技术力量的培训和技术水平的提高。

（3）机型统一，其外部设备通用，资源可共享，易于联网通信，配上位计算机后易于形成一个多级分布式控制系统。

15.3.5　常用 PLC

国外品牌有三菱、西门子、松下、欧姆龙、ABB、施耐德。

国产 PLC 品牌如下。

台湾地区品牌：台达、永宏、盟立、士林、丰炜、智国、台安

大陆地区品牌：上海正航、深圳合信、厦门海为、南大傲拓、德维深、和利时、KDN、浙大中控、浙大中自、爱默生、兰州全志、科威、科赛恩、南京冠德、智达、海杰、易达中山智达、江苏信捷、洛阳易达等。

在国内，使用外国品牌的还是主流，主要原因是国外一些大品牌起步早，技术好，口碑也一直不错。三菱的有价格优势，西门子的性能稳定，这两个品牌在国内占了半壁江山。三菱的价格便宜，但是编程软件使用上不方便，不如欧姆龙的方便。西门子的价格较高，且编程软件不好学，很难入门。三菱和西门子两种 PLC 的通信协议都是不公开的，想自己开发上位机系统很难。具体选择什么品牌什么型号，就要看设计及使用方综合考虑了。

机器人技术

16.1 概　述

机器人(robot)是自动执行工作的机器装置。它既可以接受人类指挥，又可以运行预先编排的程序，也可以根据以人工智能技术制定的原则纲领行动。它的任务是协助或取代人类的工作，例如生产业、建筑业，或是危险的工作。

它是高级整合控制论、机械电子、计算机、材料和仿生学的产物。在工业、医学、农业、建筑业甚至军事等领域中均有重要用途。

国际上对机器人的概念已经逐渐趋近一致。一般来说，人们都可以接受这种说法，即机器人是靠自身动力和控制能力来实现各种功能的一种机器。联合国标准化组织采纳了美国机器人协会给机器人下的定义："一种可编程和多功能的操作机；或是为了执行不同的任务而具有可用计算机改变和可编程动作的专门系统。"它能为人类带来许多方便之处！如图 16-1 所示为未来机器人重要发展方向"人形机器人"，图 16-2 为 14 章有所提及的工业机器人，现今在我国制造业及其他行业大量应用，在未来几十年将大有所为，从全球来看有极大的市场。

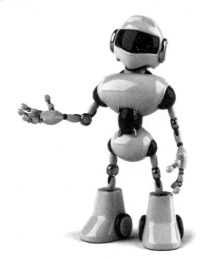

图 16-1　人形机器人

图 16-2　工业机器人

16.2　机器人的组成

机器人一般由执行机构、驱动装置、检测装置,控制系统和复杂机械等组成。

1. 执行机构

即机器人本体,其臂部一般采用空间开链连杆机构,其中的运动副(转动副或移动副)常称为关节,关节个数通常为机器人的自由度数。根据关节配置形式和运动坐标形式的不同,机器人执行机构可分为直角坐标式、圆柱坐标式、极坐标式和关节坐标式等类型。出于拟人化的考虑,常将机器人本体的有关部位分别称为基座、腰部、臂部、腕部、手部(夹持器或末端执行器)和行走部(对于移动机器人)等。

2. 驱动装置

驱动装置是驱使执行机构运动的机构,按照控制系统发出的指令信号,借助于动力元件使机器人进行动作。它输入的是电信号,输出的是线、角位移量。机器人使用的驱动装置主要是电力驱动装置,如步进电机、伺服电机等,此外也采用液压、气压等驱动装置。

3. 检测装置

检测装置是实时检测机器人的运动及工作情况,根据需要反馈给控制系统,与设定信息进行比较后,对执行机构进行调整,以保证机器人的动作符合预定的要求。作为检测装置的传感器大致可以分为两类:一类是内部信息传感器,用于检测机器人各部分的内部状况,如各关节的位置、速度、加速度等,并将所测得的信息作为反馈信号送至控制器,形成闭环控制。一类是外部信息传感器,用于获取有关机器人的作业对象及外界环境等方面的信息,以使机器人的动作能适应外界情况的变化,使之达到更高层次的自动化,甚至使机器人具有某种"感觉",向智能化发展,例如,视觉、声觉等外部传感器给出工作对象、工作环境的有关信息,利用这些信息构成一个大的反馈回路,从而将大大提高机器人的工作精度。

4. 控制系统

一种控制系统是集中式控制,即机器人的全部控制由一台微型计算机完成。另一种控制系统是分散(级)式控制,即采用多台微机来分担机器人的控制,如当采用上、下两级微机共同完成机器人的控制时,主机常用于负责系统的管理、通信、运动学和动力学计算,并向下级微机发送指令信息;作为下级从机,分别对应一个CPU,进行插补运算和伺服控制处理,实现给定的运动,并向主机反馈信息。根据作业任务要求的不同,机器人的控制方式又可分为点位控制、连续轨迹控制和力(力矩)控制。

16.3　检测传感器

传感器(transducer/sensor)是一种检测装置,能感受到被测量的信息,并能将感受到的信息,按一定规律变换成为电信号或其他所需形式的信息输出,以满足信息的传输、处理、存储、显示、记录和控制等要求。

传感器的特点包括:微型化、数字化、智能化、多功能化、系统化、网络化。它是实现自动检测和自动控制的首要环节。传感器的存在和发展,让物体有了触觉、味觉和嗅觉等感官,让物体慢慢变得活了起来。通常根据其基本感知功能分为热敏元件、光敏元件、气敏元件、力敏元件、磁敏元件、湿敏元件、声敏元件、放射线敏感元件、色敏元件和味敏元件等十大类。

16.3.1　传感器的组成

传感器一般由敏感元件、转换元件、变换电路和辅助电源四部分组成,如图 16-3 所示。

图 16-3　传感器的组成

敏感元件直接感受被测量,并输出与被测量有确定关系的物理量信号;转换元件将敏感元件输出的物理量信号转换为电信号;变换电路负责对转换元件输出的电信号进行放大调制;转换元件和变换电路一般还需要辅助电源供电。

16.3.2　传感器的主要功能

常将传感器的功能与人类 5 大感觉器官相比拟:

光敏传感器——视觉

声敏传感器——听觉

气敏传感器——嗅觉

化学传感器——味觉

压敏、温敏、流体传感器——触觉

敏感元件的分类:

(1) 物理类,基于力、热、光、电、磁和声等物理效应。

(2) 化学类,基于化学反应的原理。

(3) 生物类,基于酶、抗体和激素等分子识别功能。

通常根据其基本感知功能可分为热敏元件、光敏元件、气敏元件、力敏元件、磁敏元件、湿敏元件、声敏元件、放射线敏感元件、色敏元件和味敏元件等十大类(还有人曾将敏感元件分46类)。

16.3.3　常见种类

(1) 电阻式　电阻式传感器是将被测量,如位移、形变、力、加速度、湿度、温度等这些物理量转换成电阻值这样的一种器件,主要有电阻应变式、压阻式、热电阻、热敏、气敏、湿敏等电阻式传感器件。

(2) 变频功率　变频功率传感器通过对输入的电压、电流信号进行交流采样,再将采样值通过电缆、光纤等传输系统与数字量输入二次仪表相连,数字量输入二次仪表对电压、电流的采样值进行运算,可以获取电压有效值、电流有效值、基波电压、基波电流、谐波电压、谐波电流、有功功率、基波功率、谐波功率等参数。

(3) 称重　称重传感器是一种能够将重力转变为电信号的力→电转换装置,是电子衡器的一个关键部件。能够实现力→电转换的传感器有多种,常见的有电阻应变式、电磁力式和电容式等。电磁力式主要用于电子天平,电容式用于部分电子吊秤,而绝大多数衡器产品所用的还是电阻应变式称重传感器。电阻应变式称重传感器结构较简单,准确度高,适用面广,且能够在相对比较差的环境下使用。因此电阻应变式称重传感器在衡器中得到了广泛的运用。

(4) 电阻应变式　传感器中的电阻应变片具有金属的应变效应,即在外力作用下产生机械形变,从而使电阻值随之发生相应的变化。电阻应变片主要有金属和半导体两类,金属应变片有金属丝式、箔式、薄膜式之分。半导体应变片具有灵敏度高(通常是丝式、箔式的几十倍)、横向效应小等优点。

(5) 压阻式　压阻式传感器是根据半导体材料的压阻效应在半导体材料的基片上经扩散电阻而制成的器件。其基片可直接作为测量传感元件,扩散电阻在基片内接成电桥形式。当基片受到外力作用而产生形变时,各电阻值将发生变化,电桥就会产生相应的不平衡输出。用作压阻式传感器的基片(或称膜片)材料主要为硅片和锗片。硅片为敏感材料,用硅片制成的硅压阻传感器越来越受到人们的重视,尤其是以测量压力和速度的固态压阻式传感器应用最为普遍。

(6) 热电阻　热电阻测温是基于金属导体的电阻值随温度的增加而增加这一特性来进行温度测量的。热电阻大都由纯金属材料制成,目前应用最多的是铂和铜,此外,已开始采用镍、锰和锗等材料制造热电阻。热电阻传感器主要是利用电阻值随温度变化而变化这一特性来测量温度及与温度有关的参数。在温度检测精度要求比较高的场合,这种传感器比较适用。较为广泛的热电阻材料为铂、铜、镍等,它们具有电阻温度系数大、线性好、性能稳定、使用温度范围宽、加工容易等特点。用于测量-200~+500℃范围内的温度。

除上述传感器外,还有其他类型的传感器,如激光传感器,霍尔传感器,温度传感器,无线温度传感器,智能传感器,光敏传感器,生物传感器,视觉传感器,位移传感器,压力传感器,超声波测距离传感器,24GHz雷达传感器,一体化温度传感器,液位传感器,真空度传感器,锑电极酸度传感器,酸、碱、盐浓度传感器等。

16.3.4　主要分类

1）按用途

分为力敏传感器、位置传感器、液位传感器、能耗传感器、速度传感器、加速度传感器、射线辐射传感器、热敏传感器。

2）按原理

分为振动传感器、湿敏传感器、磁敏传感器、气敏传感器、真空度传感器、生物传感器等。

3）按输出信号

分为以下几种：

模拟传感器：将被测量的非电学量转换成模拟电信号。

数字传感器：将被测量的非电学量转换成数字输出信号（包括直接和间接转换）。

膺数字传感器：将被测量的信号量转换成频率信号或短周期信号的输出（包括直接或间接转换）。

开关传感器：当一个被测量的信号达到某个特定的阈值时，传感器相应地输出一个设定的低电平或高电平信号。

常见分类方式还有按其制造工艺分类、按测量目的分类、按其构成分类、按作用形式分类。

16.4　小型机器人控制系统

16.4.1　开发板概述

小型机器人的控制大多为集中式控制系统，俗称控制板或者开发板。开发板（demoboard）是用来进行嵌入式系统开发的电路板，包括中央处理器、存储器、输入设备、输出设备、数据通路/总线和外部资源接口等一系列硬件组件。开发板一般由嵌入式系统开发者根据开发需求自己订制，也可由用户自行研究设计。开发板是为初学者了解和学习系统的硬件和软件，同时部分开发板也提供基础集成开发环境、软件源代码和硬件原理图等。常见的开发板有 51、ARM、FPGA、DSP 开发板，还有一种比较特殊的树莓派板子。

近些年来，随着技术的发展，人们设计开发控制系统更多地选择购买现成电路板来使用，这已经成为一个趋势。现在，我们的选择空前丰富，一方面，是以 Arduino 和树莓派为首的开源硬件阵营，另一方面，则是以 STM32、51 和 S3C2440 为首的传统单片机开发板阵营。下面介绍两种类型在开发应用上的区别。

两种类型开发板 CPU 可以分成 MCU（微控制器，或者称为单片机）和 MPU（微处理器）两类，它们的本质区别在于 MMU（内存管理单元），也就是对于虚拟内存空间的支持。树莓派和 S3C2440 就属于 MPU 类的，而 Arduino 和 STM32 就属于 MCU 类的。它们在运算能力上有巨大的差距。

1. 树莓派

树莓派由注册于英国的慈善组织"RaspberryPi 基金会"开发。2012 年 3 月,英国剑桥大学埃本·阿普顿(EbenEpton)正式发售世界上最小的台式机,又称卡片式计算机,外形只有信用卡大小,却具有计算机的所有基本功能,这就是 RaspberryPi 板,中文译名"树莓派"。树莓派就是将计算机机箱里的大部分东西都集成到了一块电路板上的微型计算机,接上显示器、鼠标、键盘等和计算机没啥实质的区别,这个是基于 Linux 的系统。图 16-4 为树莓派板。

2. Arduino

Arduino 是一款便捷灵活、方便上手的开源电子原型平台,包含硬件(各种型号的 Arduino 板)和软件(ArduinoIDE)。它适用于爱好者、艺术家、设计师和对于"互动"有兴趣的朋友们。

通俗地讲:Arduino 就是主要以 AVR 单片机为核心控制器的单片机应用开发板(当然也有其他核心的,例如,STM32 版本的,但是不是官方的,还有 Intel 的伽利略),但是 Arduino 开发人员开发了简单的函数,还有许多应用库,这样就不用直接去操作寄存器了,使得没有很好的单片机基础的人员也可以使用 Arduino 做出自己想要的东西。Arduino 的开发人员还开发了一个简洁的 IDE(集成开发环境),也就是写代码,编译,调试,下载的上位机软件。图 16-5 为 Arduino 板。

图 16-4　树莓派板

图 16-5　Arduino 板

3. 传统单片机

单片机(microcontrollers)是一种集成电路芯片,是采用超大规模集成电路技术把具有数据处理能力的中央处理器(CPU)、随机存储器(RAM)、只读存储器(ROM)、多种 I/O 口和中断系统、定时器/计数器等功能(可能还包括显示驱动电路、脉宽调制电路、模拟多路转换器、A/D 转换器等电路)集成到一块硅片上构成的一个小而完善的微型计算机系统,在工业控制领域广泛应用。从 20 世纪 80 年代,由当时的 4 位、8 位单片机,发展到现在的 300M 的高速单片机。单片机在国外叫 MCU 微型控制器,就是将 CPURAMROM 等集成到一块芯片上构成单片微型计算机。

16.4.2　常用开发板对比

那么我们就来对比一下,树莓派和 STM32 分别能做什么,都能做的东西开发起来有什么区别:

只有树莓派能做的:机器视觉、视频解码、3D 游戏等。

STM32 和树莓派都能做的:飞控、3D 打印控制、音频解码、网络监控、物联网传感器等。

只有 STM32 能做的:基本没有。

所以,STM32 能做的,树莓派都能做,树莓派能做的 STM32 不一定能做。

再来对比两者开发上有什么区别,STM32 的开发流程:硬件选型→设计 PCB→焊接→调试硬件→编写 DCMI 和 RMII 驱动→移植 TCP/IP 协议→调整摄像头驱动→编写网页服务器程序→完成。其中涉及的代码量非常大,不过好在都比较基础,爱好者还能应付一下。而树莓派的开发流程则完全不一样:买一台树莓派和一个摄像头→把摄像头连接到树莓派上→在树莓派上安装一个监控软件→完成,简直就像玩一样,半个小时就能完成。

对于爱好者来说,树莓派确实是利器,不用很长的时间就能实现很棒的效果,自己写程序也不是太复杂,就参考 PC 上的 Linux 程序编写教程就可以,因为网络协议、图形库这些都是现成的,省去了很多麻烦。不过,有利也有弊,树莓派是个高度封装的东西,如果想要借此学习 ARMLinux 的基础开发就不太方便,因为树莓派表明说是开源硬件,但是实际上它的底层 bootloader 和核心数据手册是闭源的,对于应用开发没有影响,但是学习原理就很难了。另一点就是成本,如果你做的这个东西要量产,那么成本就变得很重要,基于 STM32 的网络监控方案可以比基于树莓派的方案成本低一半以上,这可是十分吸引人的。当然我只是举个例子,实际上,目前市场上网络监控用的既不是 STM32,也不是树莓派,而是专门定制的 ARM9。

那么对于学习者来说,STM32 有什么意义呢? STM32 的优点就是更为基础,这个理由和对于 51 单片机的观点是类似的,学习 STM32 可以学到更多基础的知识,脚踏实地慢慢来,从零开始,看着自己的作品一点点完善,难道不是一件很有趣的事情吗?

16.4.3　单片机

单片机又称单片微控制器,它不是完成某一个逻辑功能的芯片,而是把一个计算机系统集成到一个芯片上,相当于一个微型的计算机,和计算机相比,单片机只缺少了 I/O 设备。概括地讲:一块芯片就成了一台计算机。它的体积小、质量轻、价格便宜,为学习、应用和开发提供了便利条件。同时,学习使用单片机是了解计算机原理与结构的最佳选择。

1. 单片机特性

(1) 主流单片机包括 CPU、4KB 容量的 RAM、128 KB 容量的 ROM、2 个 16 位定时/计数器、4 个 8 位并行口、全双工串口行口、ADC/DAC、SPI、I2C、ISP、IAP。

(2) 系统结构简单,使用方便,实现模块化。

（3）单片机可靠性高，可工作到 $10^6 \sim 10^7 \mathrm{h}$ 无故障。

（4）处理功能强，速度快。

（5）低电压，低功耗，便于生产便携式产品。

（6）控制功能强。

（7）环境适应能力强。

2. 单片机的学习方法

基础理论知识包括模拟电路、数字电路和 C 语言知识。模拟电路和数字电路属于抽象学科，要把它学好还得费点精力。在学习单片机之前，若模拟电路和数字电路基础不好，不要急着学习单片机，应该先回顾所学过的模拟电路和数字电路知识，为学习单片机加强基础。否则，单片机学习之路不仅会很艰难和漫长，还可能半途而废。

模拟电路是电子技术最基础的学科，它让我们知道什么是电阻、电容、电感、二极管、三极管、场效应管、放大器等以及它们的工作原理和在电路中的作用，这是学习电子技术必须掌握的基础知识。一般是先学习模拟电路再去学习数字电路。扎实的模拟电路基础不仅让我们容易看懂别人设计的电路，而且让所设计的电路更可靠，产品质量更高。

单片机的学习离不开编程，在所有的单片机设计语言中 C 语言应用最为广泛。C 语言知识并不难，没有任何编程基础的人都可以学，数学基础好、逻辑思维好的人学起来相对轻松一些。C 语言最少需要掌握的知识有 3 个条件判断语句、3 个循环语句、3 个跳转语句和 1 个开关语句。

参 考 文 献

[1] 傅水根,李双寿.机械制造实习[M].北京:清华大学出版社,2009.
[2] 严绍华,张学政.金属工艺学实习[M].北京:清华大学出版社,2006.
[3] 杨有刚,张炜,化凤芳.基础工程训练[M].北京:清华大学出版社,2017.
[4] 黄光烨,曲宝章,翟封祥.机械工程实践与创新[M].北京:清华大学出版社,2014.
[5] 钱桦,李琼砚.工程训练与创新制作简明教程[M].北京:中国林业出版社,2016.
[6] 吴斌方,陈清奎,娄德元,等.工程训练[M].北京:中国水利水电出版社,2018.
[7] 王世刚.工程训练与创新实践[M].北京:机械工业出版社,2017.
[8] 杨钢.工程训练与创新[M].北京:科学出版社,2015.
[9] 张万昌,金问楷,赵敖生.机械制造实习[M].北京:高等教育出版社,1991.
[10] 范全福.金属工艺学实习教材[M].北京:高等教育出版社,1986.
[11] 清华大学金属工艺学教研室.金属工艺学实习教材[M].北京:高等教育出版社,1994.
[12] 陈培里.金属工艺学实习指导[M].杭州:浙江大学出版社,1996.
[13] 袁名伟,陈晓曦.现代制造实验[M].北京:国防工业出版社,2007.
[14] 马宏伟.数控技术[M].北京:电子工业出版社,2010.
[15] 余英良.数控加工编程及操作[M].北京:高等教育出版社,2005.
[16] 王贵成,张银喜.精密与特种加工[M].武汉:武汉理工大学出版社,2001.
[17] 郑红梅.工程训练[M].北京:机械工业出版社,2009.
[18] 陈恳.机器人与应用[M].北京:清华大学出版社,2009.
[19] 李长河.机械制造基础[M].北京:机械工业出版社,2009.
[20] 李朝青.单片机原理及接口技术[M].北京:北京航空工业大学出版社,2005.
[21] 丁镇生.传感器及传感技术应用[M].北京:电子工业出版社,1998.
[22] 廖常初.可编程序控制器应用技术[M].4版.重庆:重庆大学出版社,1992.
[23] 高钦和.可编程序控制器应用技术与设计实例[M].北京:人民邮电出版社,2004.
[24] 周立功.ARM嵌入式系统基础教程[M].北京:北京航空航天大学出版社,2005.
[25] 孟庆鑫,王晓东.机器人技术基础[M].哈尔滨:哈尔滨工业大学出版社,2006.